INVENTAIRE
S 25195
I0068745

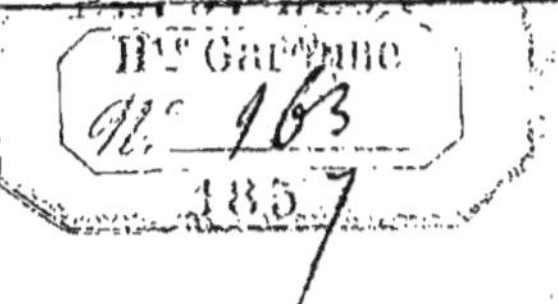

RÉVISION COMPARATIVE

DE L'HERBIER

ET DE L'HISTOIRE ABRÉGÉE DES PYRÉNÉES

DE LAPEYROUSE ;

Par le Dr D. CLOS,

Professeur à la Faculté des Sciences et Directeur du Jardin des Plantes de Toulouse.

TOULOUSE,

IMPRIMERIE DE JEAN-MATTHIEU DOULADOURE,

RUE SAINT-ROME, 41.

1857.

Extrait des Mémoires de l'Académie des Sciences de Toulouse.

RÉVISION COMPARATIVE
DE L'HERBIER
ET DE L'HISTOIRE ABRÉGÉE DES PYRÉNÉES
DE LAPEYROUSE;

Par le Dr D. CLOS,

Professeur à la Faculté des Sciences et Directeur du Jardin des Plantes de Toulouse.

Par une délibération du Conseil municipal de la ville de Toulouse, en date du 11 février 1843, l'herbier de Lapeyrouse, légué à cette cité par les soins du colonel Dupuy, fut confié à ceux du Directeur du Jardin des Plantes.

L'importance de cette collection ne saurait être mise en doute. Si les Pyrénées avaient été visitées par de nombreux botanistes, en tête desquels il faut citer le grand Tournefort, Lapeyrouse eut, le premier, le mérite d'embrasser dans son ensemble la végétation de cette vaste chaîne, et d'en faire l'objet de ses études durant toute sa vie. Dès 1787, il publiait le premier fascicule de la Flore de ces montagnes, dans un format *in-folio*, orné de magnifiques planches (1), dont quelques-

(1) Les *Figures de la Flore des Pyrénées* sont seulement au nombre de quarante-trois. Lapeyrouse, dans l'espoir de compléter un jour ce beau monument, qui devait comprendre de 400 à 600 figures de plantes, cite fréquemment, dans son *Histoire abrégée*, des numéros de ces planches inédites. C'est à tort que plusieurs auteurs modernes ont suivi son exemple, car il n'est que trop probable que ces planches ne verront pas le jour.

Lapeyrouse a laissé aussi sous ce titre : *Mémoires pour servir à l'Histoire des Plantes des Pyrénées et d'explication à l'Herbier de ces montagnes,* deux gros volumes manuscrits, avec la date de 1770. J'avais espéré puiser dans ce Recueil, classé d'après la méthode naturelle de Jussieu, des matériaux importants pour cette Révision ; mais c'est une simple énumération des espèces pyrénéennes, avec l'indication des localités où elles croissent,

unes sont dues au gracieux pinceau de Redouté; et, en 1813, paraissait à Toulouse l'*Histoire abrégée des Plantes des Pyrénées* (1 vol. *in*-8° de 700 pages), encore aujourd'hui le seul guide général pour celui qui veut s'adonner à l'étude des plantes de ces montagnes, dont la surface n'embrasse pas moins de neuf cents lieues carrées. L'auteur y décrivait plusieurs espèces nouvelles, et signalait dans ces contrées l'existence d'un grand nombre de plantes qu'on était loin d'y soupçonner.

Depuis lors, la Flore des Pyrénées est devenue l'objet de nombreuses recherches et de nombreux travaux, les uns limités dans un cadre plus restreint, les autres embrassant l'ensemble des plantes de France, et comprenant par conséquent celles de nos Pyrénées. Or, bien souvent, les auteurs de ces écrits ont émis des doutes sur la validité ou l'exactitude de détermination de certaines des espèces admises par Lapeyrouse. Ouvrez les Flores françaises de Mutel, de MM. Grenier et Godron, et vous y lirez ces mots, à la suite de telle ou telle espèce du botaniste toulousain : « Nous est complétement inconnue. » Ajoutons que nombre d'espèces de l'*Histoire abrégée* ne sont pas même mentionnées dans l'ouvrage tout récent et si utile dû à ces deux derniers savants (1).

Il est juste aussi de reconnaître que, depuis l'époque de Lapeyrouse, la phytographie a fait d'immenses progrès. Les plantes de France sont devenues l'objet d'études incessantes : telle espèce linnéenne a pu être scindée en deux ou trois au-

---

et telles qu'on les trouve dans l'*Histoire abrégée*. Pourquoi Lapeyrouse qui, dès 1780, remplaçait au Jardin des Plantes de Toulouse la méthode de Tournefort par celle de Jussieu encore toute nouvelle (elle avait paru en 1774), donna-t-il dans son livre la préférence au système Linnéen? C'est, dit-il, parce que c'est *celui dont l'usage est le plus généralement adopté, et malgré ses imperfections présente le moins de difficultés dans la pratique.*

(1) Exemples : *Digitalis intermedia* Lap., pag. 357 ; *Chaixia Myconi* Lap. *Supp.*, pag. 39 ; *Laserpitium ferulaceum* Lap., pag. 152 ; *Illecebrum villosum* Lap., pag. 125 ; *Corrigiola imbricata* Lap., pag. 169 ; *Cerastium glaberrimum* Lap., pag. 265 ; *Rosa aristata* Lap., pag. 285 ; *Potentilla heterophylla* Lap., pag. 280, etc.

tres ; de là l'origine de plusieurs de nos rectifications qui ne sauraient être imputées à erreur à Lapeyrouse.

Enfin, la détermination exacte des espèces a pris de nos jours une importance majeure, en vue des progrès incessants de la géographie botanique.

Ces divers motifs m'ont porté à penser qu'une révision générale et comparative de l'Herbier et de l'*Histoire abrégée des Pyrénées* de Lapeyrouse ne serait peut-être pas un travail inutile pour la botanique descriptive. J'ai cru me conformer ainsi aux vues de ce savant, qui n'eût certainement pas eu la noble pensée de léguer sa collection à ses successeurs, s'il avait pu craindre leur contrôle.

« Nous n'avons jamais eu d'autre but, dit-il, (*Fig. Flor. Pyrén.* viij) que le plus grand progrès de la science et de l'art. Si nous nous sommes trompé, nous prions les lecteurs et les amis des arts de nous éclairer de leur critique. Ils ne sauraient faire un accueil plus flatteur au fruit de tant de veilles, de recherches et de travaux que nous leur consacrons. »

J'ai suivi dans ce travail l'ordre adopté par Lapeyrouse, c'est-à-dire, le système sexuel de Linné, dans le but de faciliter les recherches aux botanistes. Dans l'intérêt de ceux qui, en lisant ces notes, n'auraient pas l'ouvrage de l'auteur sous les yeux, j'ai religieusement conservé, à la suite de chaque espèce citée dans l'*Histoire abrégée*, le nom de l'auteur auquel Lapeyrouse l'attribue. Une liste de toutes les plantes qui, signalées ou décrites dans l'*Histoire abrégée*, manquent dans l'Herbier, m'a paru utile, et elle servira d'appendice à ces notes. L'étendue de cette liste m'a engagé à omettre toute discussion relative à ces plantes : persuadé d'ailleurs que ces appréciations doivent être laissées aux botanistes qui s'adonnent presque exclusivement à l'étude comparative des productions végétales de la France.

Au commencement de ce siècle, on n'attachait pas assez d'importance à recueillir des échantillons de plantes bien complets, à préciser exactement pour chacun d'eux la localité où il a été pris. L'Herbier de Lapeyrouse n'est pas à l'abri de ces défauts : 1° nombre d'échantillons ne consistent qu'en fragments de plantes, parfois insuffisants pour une parfaite détermination ; 2° certains d'entre eux ne sont accompagnés d'aucune indication de localité ; ce que j'ai cru devoir signaler dans les cas où la station de ces espèces m'a semblé avoir de l'importance pour la géographie botanique, ou lorsque ces espèces n'ont été rapportées aux Pyrénées que sur la foi de Lapeyrouse ; 3° à un seul échantillon de plante correspond la désignation de plusieurs localités différentes, sans qu'on sache dans laquelle il a été cueilli ; 4° dans une même enveloppe se trouvent parfois confondues, sous une seule dénomination, deux ou même trois espèces distinctes, confusion qui ne doit pas être imputée sans doute à Lapeyrouse ; 5° un certain nombre de plantes ont disparu, soit parce qu'elles sont devenues en totalité ou en partie la proie des insectes, soit par toute autre cause ; 6° Lapeyrouse n'a pas eu le soin de distinguer toujours les plantes qu'il a reçues, de celles qu'il a cueillies lui-même ; l'époque de la floraison et celle à laquelle ces plantes ont été recueillies, ne sont pas non plus mentionnées.

L'Herbier de Lapeyrouse ayant un intérêt historique, je me suis fait un scrupule de le conserver dans son état actuel et sans la moindre modification, me bornant à inscrire un nom à côté de l'espèce qui m'a paru le réclamer, mais en laissant toujours intactes les étiquettes de l'auteur. Je me ferai un plaisir et un devoir de le mettre à la disposition des botanistes qui voudront le consulter *sur place?*

M. Henri Loret, botaniste distingué, qui parcourt depuis plusieurs années les Pyrénées, ayant désiré passer aussi en revue l'Herbier Lapeyrouse, m'a puissamment aidé dans la détermination d'un certain nombre de plantes de cette collection. Je me plais à constater ici publiquement la participation qu'il a prise à ce travail.

On sait que M. Bubani s'occupe depuis longtemps de rassembler les matériaux d'une Flore pyrénéenne ; mon travail était à peu près terminé, lorsque j'ai appris que cet infatigable botaniste possédait, en portefeuille et à l'état de manuscrit, une révision de l'Herbier Lapeyrouse; mais il n'a laissé dans cette collection, ni notes ni rectifications de noms de plantes. Je n'ai donc pu citer dans ce travail que les quelques déterminations de plantes de cet Herbier (au nombre de 45 environ), signalées par M. Bubani dans un opuscule imprimé en 1842, dans les *Nuovi Annali delle scienze naturali di Bologna*, et qui a pour titre : *Schedulæ criticæ ex Mss. Floræ Pyrenaicæ et Herbarium Lapeyrusianum* (tirage à part de 19 pages). On verra que mes déterminations sont d'accord avec celles de cet auteur, pour une moitié environ des plantes citées par lui.

Plusieurs autres botanistes ont aussi cherché à faire connaître, soit quelques-unes des plantes de Lapeyrouse, soit une portion de la végétation des Pyrénées, rapportant à leurs espèces celles dont a parlé cet auteur. Tels sont en particulier, MM. Serres, Arnott, Bentham, J. Gay et Duchartre (1); j'ai mis à profit les remarques critiques de ces savants naturalistes.

Ainsi compléter ou rectifier les indications de localités à l'aide des étiquettes de l'Herbier; vérifier si les conjectures de ceux qui ont discuté sur les plantes décrites et signalées par Lapeyrouse, sont ou non fondées; relever les quelques erreurs de détermination qui peuvent s'être glissées dans l'Herbier (et quel est celui qui, embrassant un si vaste horizon pourrait se dire à l'abri de toute erreur ?); indiquer les espèces, qui, inscrites dans l'*Histoire abrégée*, manquent dans la collection ; permettre ainsi, à ceux qui écriront désormais sur les plantes de France ou des Pyrénées, de se prononcer avec plus de hardiesse sur la nature de celles qui sont mentionnées dans cet ouvrage : telle est la tâche que je me suis proposée dans cette Révision. En entreprenant ce travail, j'ai cru entrer dans les vues de Lapeyrouse, qui avait lui-même, dans un premier *supplément* à son ouvrage

(1) On doit en particulier à M. Bentham un *Catalogue des Plantes indigènes des Pyrénées*, 1826, in-8° ; à M. J. Gay, si profondément versé dans la connaissance des plantes du sol français, deux Mémoires importants sur les plantes recueillies dans les Pyrénées par Endress (voy. *Ann. scien. nat.* 1re sér. tom. 25 et 26, année 1832) ; enfin à M. Duchartre, plusieurs fascicules d'*exsiccata* d'une Flore pyrénéenne (1836).

(Toulouse 1818), pris l'initiative de ces réformes, et reconnu, avec la bonne foi du savant , quelques-unes de ses erreurs.

Voilà quarante-quatre ans que l'*Histoire abrégée* des Pyrénées a paru : tous les ans, cette vaste chaîne de montagnes est parcourue , scrutée en tous sens par de nombreux naturalistes , et cependant aucun ouvrage général sur la végétation de cette riche contrée n'est encore venu remplacer celui de Lapeyrouse : n'est-ce pas le plus bel éloge que l'on puisse faire et du livre et de son auteur ?

Au rapport de M. du Mège , le nombre des espèces décrites par Lapeyrouse dans son *Histoire abrégée*, est de 2,833 , et celui des variétés , de 855 (1). L'auteur a suivi dans cet ouvrage la marche qui , à son époque, était presque généralement adoptée ; il emprunte la plupart de ses diagnoses à Linné ou à Willdenow. Toutefois, on lui doit, en ce qui concerne les descriptions en langue française, une heureuse innovation. Il est le premier, ou un des premiers (1790) , à supprimer dans celles-ci les verbes et les articles , et à emprunter plusieurs mots au latin , « afin , dit-il , de donner aux phrases et aux descriptions botaniques cette tournure , cette précision et ce laconisme si nécessaires, et qu'on admire justement dans les écrits du Pline du Nord. »

Comme Linné , qu'il se proposait pour exemple , Lapeyrouse avait embrassé toutes les branches de l'histoire naturelle , et il s'efforçait de contribuer aux progrès de toutes. Il avait formé de bonne heure le projet d'inventorier toutes les productions des Pyrénées ; et de 1763 à 1797 , il visita presque chaque année une portion de ces montagnes , tantôt seul , tantôt en compagnie du célèbre Dolomieu. « Le plus souvent, je me suis frayé, dit-il , de nouvelles routes, et j'ai vu beaucoup de lieux que l'œil de la science n'avait jamais fixés. » Si ses travaux sur la végétation de cette vaste chaîne sont les plus nombreux et les plus importants, la zoologie ne lui doit pas moins , outre plu-

(1) Ces plantes sont renfermées dans quarante-quatre grandes boites sous la forme de volumes.

sieurs Mémoires, des *Tables méthodiques des mammifères et des oiseaux observés dans le département de la Haute-Garonne* (an VII, in-8°); la minéralogie, plusieurs fragments et un *Traité des mines et forges à fer du Comté de Foix* (1786-1790); la paléontologie, une description de plusieurs nouvelles espèces d'orthocératites et d'ostracites (1786, in-folio). Rappelons enfin que Lapeyrouse fut longtemps à la tête de l'édilité toulousaine, qu'il professa avec éclat, soit à la Faculté des Sciences de Toulouse dont il fut le doyen, soit à Paris où il avait été nommé inspecteur des mines, qu'il n'hésita pas à dépenser au profit de la science une partie de sa fortune, que sa ville natale lui doit plusieurs institutions importantes, et on reconnaîtra que peu de vies ont été aussi utilement employées que la sienne (1).

HERBIER LAPEYROUSE.

CALLITRICHE verna L., C. minima Hopp., p. 2. (2). — *Montia minor* Gmel. (*Loret* et *Clos*).

— autumnalis L. — *C. hamulata* Kütz. *var. homoiophylla* Gr. God. (*Loret* et *Clos*).

— intermedia Schk. (*in herb.*), C. autumnalis β intermedia *H. A.* p. 2. — *C. platycarpos* Kütz. (*Loret* et *Clos*).

---

(1) On lira avec intérêt la Notice biographique sur Lapeyrouse par notre savant collègue M. du Mège (voy. *Hist. et Mém. de l'Acad. des Sciences, Inscript. et Belles-Lettres de Toulouse*, tom. v, 1re part., pag. 67-105).

(2) Les chiffres placés à la suite des noms d'espèces indiquent la page de l'*Histoire abrégée* (*H. A.*) où ces espèces sont décrites; lorsque ces chiffres sont précédés de la lettre *S*, celle-ci désigne le *Supplément* de l'*Histoire abrégée des Pyrénées*.

En rapportant certaines plantes de Lapeyrouse à des espèces récemment décrites par les phytographes et considérées par eux comme bien distinctes, je n'entends préjuger en rien la validité de celles-ci.

Blitum capitatum L., p. 2. — *Amaranthus prostratus* Balb. (Serres).

Jasminum humile L., (*in herb.*). — J. fruticans *var.* β, p. 3. — *J. fruticans* L. (*Loret* et *Clos*).

Veronica longifolia β petiolaris Lap., p. 5.

Echantillon sans fleurs et qui me paraît appartenir, comme à M. Bentham, au *Teucrium Scorodonia* L.

— Ponæ Gou. *var.* ζ nana grandiflora *V. pumila* All., p. 6. — *V. Ponæ* Gou. non *V. pumila* All.

— officinalis L. *var.* foliis acutioribus, caule assurgente, *S.* p. 4. — *V. Ponæ* Gou. (*Loret* et *Clos*).

— Allionii Smith, espèce particulière aux Alpes.

Représentée dans l'Herbier, 1° par un échantillon portant l'indication : *Madres, Laurenti, Lasposeilles, Amsur, Orlu : frustulum ex herbario Tournefortii sub synonymo reluto ;* 2° par des échantillons de *V. serpyllifolia* L. avec l'indication *Eyre, Lientz, Madre*, etc.

— Anagallis L. *var.* β minor, p. 8. — *V. anagalloides* Guss. (*Loret* et *Clos*).

— obtusata Lap. (*in herb.*), V. Chamædrys β obtusata Lap. *S.*, p. 5. — *V. Chamædrys* L. *var.*

— latifolia Ait. γ dubia Chaix, p. 9, V. dubia Chaix (*in herb.*) — *V. Teucrium* L. *var.*, non *V. prostrata* L., espèce à laquelle MM. Grenier et Godron rapportent cette plante.

— agrestis L., p. 10. — *V. didyma* Ten.

— acinifolia L., p. 10.

Rapportée avec doute par M. Bentham au *V. agrestis* L. la plante de l'Herbier est bien le *V. acinifolia* L.

— peregrina L., p. 11. — *V. triphyllos* L.

— acutiflora Lap. fil., *S.* p. 7.

Rapportée à tort par MM. Grenier et Godron à titre de variété au *V. officinalis* L. dont la distingue son calice à cinq divisions ; cette plante appartient, comme l'a reconnu M. Bentham, au *V. Teucrium* L.

Lycopus exaltatus L., p. 13.

Rapporté avec raison par MM. Bentham, Grenier et Godron au *L. europæus* L. C'est la variété décrite par Vahl sous le nom de *L. europæus β laciniatus* (*Enum.* 1, 210).

Salvia pyrenaica L., p. 14.

Représenté par une feuille empruntée à l'herbier de Vaillant.

Valeriana rubra L., p. 17. — *Centranthus angustifolius* DC. (*C. Lecoquii* Jord).

— dioica L., sans indication de localité.

— Phu L., p. 18, et V. saxatilis ? Jacq., p. 20.

MM. Grenier et Godron rapportent, à l'exemple de M. Bentham, les deux plantes ainsi dénommées par Lapeyrouse au *V. montana* L. Ils ont raison pour la seconde. Mais quant au *V. Phu* L., on trouve sous ce nom dans l'Herbier de ce savant, deux espèces, l'une, récoltée au Pic-de-Gard et à Cagire, est le *V. montana* L. ; l'autre, signalée au Pic-de-Gard et à Crabère, est le *V. globulariæfolia* Ram., au fruit subtétragone dépassé par les bractées.

— tuberosa L., p. 19.

La variété β de cette espèce, proposée par Lapeyrouse et caractérisée ainsi par lui, *foliis omnibus ovatis integerrimis*, ne doit pas être maintenue, car le seul échantillon qui la représente dans l'Herbier a les feuilles caulinaires pinnatipartites.

Fedia coronata Schrad., p. 21. — *V. pumila* Wild.

— coronata Schrad. *var.* calicibus hirsutissimis. *S.* p. 8. — *Valerianella discoidea* Lois. (*Loret* et *Clos*).

Polycnemum arvense L., p. 21. — *P. majus* A. Br. (*Loret* et *Clos*).

Iris lutescens Lamck., p. 22. — *I. chamæiris* Bert.

Avec des fragments d'une autre plante du même genre trop détériorée pour se prêter à une détermination précise.

SCHOENUS ferrugineus L., p. 24.

Sans indication de localité dans l'Herbier.

CYPERUS glaber L., p. 25.

Rapporté à bon droit par M. Bentham au *C. fuscus* L.

— longus. L.

La variété β, caractérisée ainsi par Lapeyrouse, *spicis compactis, confertis, brevibus*, est le *C. badius* Desf., signalée à Toulouse, où cette espèce a été retrouvée récemment par M. Timbal-Lagrave.

SCIRPUS holoschœnus L., *var.* β capitulis subsessilibus, p. 26. — *Juncus conglomeratus* L.

Au *S. palustris* L. est mêlé le *S. cæspitosus* L., au *S. Michelianus* L. le *Cyperus schœnoides* Griseb ; le *S. triqueter* L. est sans indication de localité.

ERIOPHORUM angustifolium Wild., E. latifolium Hopp., p. 28.

Il y a dans l'Herbier confusion d'échantillons appartenant à ces deux espèces.

PHALARIS aquatica L., p. 29. — *Psamma arenaria* Rœm. et Sch.

— cylindrica DC.

Deux bouts de plante sans racines ni tiges ni feuilles, et paraissant appartenir par leur faux épi allongé, par l'aile entière des glumes, par la glumelle inférieure lancéolée et velue, au *P. nodosa* L.

PANICUM ambiguum DC. (*in herb.*), P. sanguinale L. β ambiguum *H. A.*, p. 31. — *P. sanguinale* L. (*Loret* et *Clos*).

PHLEUM nodosum L. *var.* bulbosa, à Engaudue, Crabère, Cazau d'Estiba (*in herb.*). — *P. alpinum* L. (*Loret* et *Clos*).

Alopecurus bulbosus L., p. 32. — *Phleum nodosum* L.

Polypogon monspeliense Desf., p. 33 (*quoad* Toulouse à Pech-David). — *Cynosurus echinatus* L. *var. multibracteatus* Mut.

— monspeliense Desf. *var.* panicea et *var.* spica minori minus divisa (Roussillon). — *P. monspeliense* Desf.

Milium paradoxum L. et M. purpureum Lap. — *M. cœrulescens* Desf.

Agrostis alpina Leyss., pag. 34. — *A. rupestris* All. (*Loret* et *Clos*).

— stolonifera L., p. 35. — *Catabrosa aquatica* Pal. Beauv.

— hispida Willd., pag. 35. — *A. vulgaris* L.

Epèce à laquelle Poiret (*Encycl. Sup.* 1, 252) et Mutel le rapportent en synonyme.

— rupestris All., *S.* pag. 12 (*quoad* Cauterets). — *A. pyrenœa* Timb. (*Mém. Acad. Sc., Toul.*, 4° s. t. VI, p. 97), *cum frustulo Airæ caryophylleæ* L. (*Loret* et *Clos*).

— atrata? (*in herb.*). A. rupestris *var.* ε atrata, nigra, *S.* p. 12. — *A. alpina* Scop. (*Loret* et *Clos*).

Aira aquatica L., pag. 36. — *Molinia cærulea* Mœnch.

Cette espèce se retrouve dans l'Herbier, sous les noms de *Melica cœrulea* L. et d'*Arundo Agrostis* Scop.

— miliacea Vill. — *Poa nemoralis* L.

— alpina L., pag. 39, mêlé au *Poa nemoralis* L.

— montana L., sans indication de localité, p. 37. — *A. flexuosa* L. (*Loret* et *Clos*).

— mollis L. (*in herb.*), Holcus mollis L. *H. A.* p. 612. — *Holcus lanatus* L.

— caryophyllea L., p. 38. — *A. aggregata*, Tim. (*Loret* et *Clos*).

Melica ciliata L., pag. 38. — *M. Magnolii* Gr. God. (*Loret* et *Clos*).

Poa serotina Schrad., *S.* pag. 13. — *P. trivialis* L.

— Eragrostis L., pag. 40. — *P. pilosa* L.

— bulbosa L., p. 41. — *Kœleria setacea* Pers. (*Loret* et *Clos*).

Des échantillons de cette espèce se retrouvent encore dans l'Herbier, mêlés à ceux du *Kœleria cristata* Pers. (*Aira cristata* L. *in herb.*).

— divaricata Gou., p. 41. — *P. bulbosa* L. *vivipara.*

— concinna Gaud? *S.* pag. 13, P. Molinerii Balb.? — *P. alpina* L.

Mutel réunit à cette dernière espèce le *P. Molinerii* Balb.

Festuca ovina L., *H. A.*, p. 43, F. pumila Vill., F. ovina L. (*in herb.*). — *F. ovina* L. *var. alpina* Gr. God. (*Loret* et *Clos*).

— flavescens Bell. — *F. varia* Hænk. *var. flavescens* Gaud., non *F. flavescens* Bell.

— heterophylla Jacq. (*in herb.*). — *F. rubra* L., (*Loret* et *Clos*).

— glauca Lamk., p. 44. — *F. duriuscula* L., espèce à laquelle les auteurs rapportent le *F. glauca* Lam. et DC.

— varia Hænk. — *F. varia* Hænk. *var. eskia* Gr. God. (*Loret* et *Clos*).

— Myurus L., p. 45. — *F. pseudo-Myuros* Soy-Will.

— arundinacea Mill., p. 45. — *F. spadicea* L.

— elatior L., p. 45. — *F. arundinacea* Schreb. (*Loret* et *Clos*).

— loliacea Willd., p. 46, espèce mêlée au *Glyceria fluitans* R. Br.

— cristata L. et F. phleoides Vill.

Ces deux plantes, dont la première manque dans l'Herbier, font double emploi dans l'*Histoire abrégée*.

BROMUS geniculatus L., p. 47.

M. Serres, et d'après lui, Mutel, rapportent cette plante au *Festuca Myuros* L.; mais sa tige élevée, sa panicule allongée, arquée, sa glume inférieure trois fois plus courte que la supérieure, la font reconnaître pour le *F. pseudo-Myuros* Soy-Will.

— gracilis Weig., p. 48. — *Brachypodium sylvaticum* R. et Sch. (*part.*) et *Agropyrum caninum* R. et Sch.

— glaucus Lap., *S.* p. 16.

C'est avec raison que cette espèce est réunie par MM. Serres, Mutel, Grenier et Godron au *B. erectus* L.

STIPA juncea, L., p. 49.

Cette plante est bien nommée, mais on la retrouve encore dans une autre feuille du genre *Stipa*, sous le nom d'*Agrostis Spica-venti* L., probablement par suite d'une confusion d'étiquettes : car si le type de cette dernière espèce manque dans le genre *Agrostis*, on y retrouve du moins la variété *β minor*, signalée dans l'ouvrage de Lapeyrouse.

AVENA sempervirens Vill., p. 50 et *S.* p. 18.

Rapporté avec raison, par MM. Mutel, Grenier et Godron, à l'*A. montana* Vill.

ARUNDO Agrostis Scop., p. 52.

Rapporté avec raison par MM. Serres, Mutel, Grenier et Godron, au *Molinia cærulea* Mœnch.

— Calamagrostis L., sans indication de localité dans l'Herbier. — *Calamagrostis tenella* Host.

LOLIUM perenne L.

La variété *δ* des *Additions*, p. 633, caractérisée par ces mots : *majus glaucum*, est l'*Agropyrum junceum* P. Beauv.

— tenue L. (*in herb.*). — *Triticum Poa* DC. (*Loret* et *Clos*).

ROTTBOELLIA incurvata L., p. 53. — *R. filiformis* Roth.; épi dressé, glume de la longueur de l'épillet.

TRITICUM biunciale Vill., et T. tenellum L., pag. 54. — *T. Poa* DC.

MONTIA fontana L., p. 54. — *M. rivularis* Gmel. (*Loret* et *Clos*).

GLOBULARIA punctata Lap., p. 57.

« M. Arnott, et d'après lui M. Cambessèdes, rapportent la *G. punctata* Lap., comme synonyme de cette espèce (*G. cordifolia* L.) (1). Ce synonyme est faux. Par l'inspection de l'échantillon unique et aussi mauvais de l'Herbier des Pyrénées, il est aisé de se convaincre que ces deux espèces n'ont aucun rapport l'une avec l'autre (Duchartre, 9e *fasci. de la Fl. pyrén.*, EXSICC, n° 179). » Qu'est donc le *G. punctata* Lap.? Tout récemment, le colonel Serres l'a rapporté au *Jasione amethystina* Lag. (Voy. *Bull. de la Soc. bot. de France*, III, p. 378); mais c'est bien à tort; car nous avons pu comparer l'échantillon de Lapeyrouse à la plante d'Espagne, et entre elles les signes distinctifs sont nombreux. La première diffère de celle-ci : 1° quant aux caractères de végétation, par sa glabrescence, par ses feuilles à limbe ovale-apiculé dans les caulinaires, obovale dans les radicales avec le pétiole filiforme et bien distinct, par les folioles de l'involucre linéaires et incolores ; 2° quant aux caractères floraux, par son ovaire libre uniloculaire, surmonté d'un long style ; par sa corolle tubuleuse, ses quatre étamines, etc. La plante de Lapeyrouse est sans nul doute, par la lèvre supérieure de la corolle réduite à une seule lanière linéaire uninerviée autant que par ses autres caractères, le *Carradoria incanescens* Alph. DC. (*Globularia incanescens* Viv.), ainsi que l'a bien reconnu M. Bubani (*loc. cit.*, pag. 4). M. Alph. de Candolle rapporte, d'après M. Cambessèdes, en synonyme au *Carradoria*, le *Globularia alpina minima Origani folio* Tourn. (*in* De Candolle *Prodr.* XII, p. 610); or, Lapeyrouse a donné ce même synonyme à son *G. punctata*, si ce n'est que le mot *Bellis* a été mis par lui à la place du mot *Globularia*.

---

(1) Cette même opinion est adoptée par M. Alph. De Candolle (*Prod. regn. veg.* XII, 612).

Scabiosa arvensis L. *var.* β latifolia, p. 59 ; S. sylvatica L. *var.* β (*in herb.*) — *Knautia dipsacifolia* Host. (*Loret* et *Clos.*)

— arvensis L. integrifolia et S. arvensis *var.* foliis dentatis. — *Knautia sylvatica* Dub.

— hirsuta Lap. — *Knautia collina* (*sub Scabiosa*) Req. (*Loret* et *Clos*).

— gramuntia L., p. 60 (*quoad* Collioures). — *S. maritima* L.

— gramuntia L. (*quoad* Montlouis, Eynes, la Soulane). — *S. Columbaria* L. *var. pachyphylla* Gaud. (*Loret* et *Clos*).

— Columbaria L. *var.* latifolia, foliis pinnatifidis (Bains de Vernet et des Escaldes). — *S. maritima* L. (*Loret* et *Clos*).

— Columbaria L. *var.* (Bagnols sur mer). — *S. Loretiana* Timb. (inéd.).

— Columbaria L. *var.* β, *var.* γ, *var.* ε, et *var.* alpina nuda flore amplissimo, p. 60. — *S. Jordani* Timb. (*Loret* et *Clos*).

— Columbaria L. (*quoad* Prat de Mollo, Saint-Béat), et S. Columbaria L. *var.* caule simplicissimo foliis distantibus (Saint-Béat). — *S. Columbaria var. pachyphylla* Gaud. (*Loret* et *Clos*).

— pyrenaica All. (*quoad* Esquierry, Lheris), et S. pyrenaica, *var.* γ foliis integris dentatis (Jisole). — *S. velutina* Jord. *Pugill.*, p. 87. (*Loret* et *Clos*).

Galium rubioides L., p. 62.

Ses feuilles grandes et quaternées, ses fruits glabres, etc., font reconnaître cette espèce, omise dans la Flore de France, et indiquée par Lapeyrouse dans les haies et les buissons du Roussillon.

— palustre L., p. 63. — *G. palustre* L. (*part.*) et *G. saxatile* Vill.

— montanum L., p, 63. — G. *palustre* L.

— pyrenaicum Gou. *var.* β, G. cæspitosum Lam.. — *G. cæspitosum* Ram. non Lam.

— Mollugo L. — *G. erectum* Huds.

— Mollugo L. var. hirsuta (Saint-Béat, port de Vieille). — *G. sylvestre* Poll.

— sylvaticum L. (*in herb.*), G. Mollugo L. *var.* β et *var.* γ sylvaticum L. (*H. Abr.*, 64). — *G. sylvaticum* L. (*part.*), *G. erectum* Huds. (*part.*) et *G. elatum* Thuill.

— aristatum L., p. 64. — *G. Prostii* Jord. (*Loret* et *Clos*).

Cette espèce se retrouve encore dans l'Herbier sous le nom de *G. purpureum* L. (Mende).

— austriacum Jacq., p. 65. — *G. elatum* Thuill.

— microcarpum Vahl. G. setaceum Lam., p. 67.

Les échantillons de cette espèce, rapportée avec doute aux Pyrénées, d'après Lapeyrouse, portent l'indication : *Eynes, Cambredases.*

— papillosum Lap., p. 66, mêlé au *G. sylvestre* Bocc.

— tenue Vill., p. 66. — *G. montanum* Vill.

— Aparine L., p. 67. — *G. tricorne* With.

— atrovirens Lap., *S.* p. 22.

Cette espèce est réunie par Mutel au *G. aristatum* L.; par MM. Grenier et Godron, comme variété, au *G. sylvaticum* L. Ces derniers botanistes lui assignent des feuilles petites : or, celles des échantillons de l'Herbier n'ont pas moins de 0m,03 de longueur, et 0m,005 à 0m,008 de largeur. La panicule est étroite, pauciflore, cachée en partie par les feuilles qui conservent leur développement jusqu'aux nœuds les plus élevés; la corolle a ses lobes acuminés.

— hirsutum Lap. *S.*, p. 25. — *G. papillosum* Lap. β *hirsutum* Nob.

Toute la plante, la panicule exceptée, est couverte

d'une villosité courte; les feuilles, dans le seul échantillon de l'Herbier, sont toujours par verticilles de 6, alors que MM. Grenier et Godron donnent au *G. papillosum* Lap. des verticilles de 8-10 feuilles; mais quelques échantillons de l'Herbier n'en ont que 6, comme l'avait remarqué Lapeyrouse lui-même (*H. A.*, p. 66).

— sans nom spécifique (*in herb.*), et pris à la vallée de Plan. — *G. corrudæfolium* Vill. (*Loret* et *Clos*).

Rubia tinctorum L., p. 68. — *Galium Aparine* L.

Plantago lanceolata L. *var.* γ alpina sericea, p. 69.— *P. montana* L. (*Loret* et *Clos*).

— intermedia Lap., p. 69.

Cette plante, réunie par Mutel au *P. lusitanica* L., est rapportée avec raison par De Candolle et MM. Grenier et Godron au *P. Lagopus* L.

— graminea Pourr., p. 70 — *P. serpentina* L.

— pubescens ? DC., p. 71.

Cette espèce, omise par Mutel, par MM. Duby, Grenier et Godron, appartient au *P. subulata* L.

— subulata Wulf. (P. subulata L. *in herb.*).

— maritima L. *var.* β — *P. crassifolia* Forsk.

Les échantillons de l'Herbier appartiennent bien au *P. subulata* Wulf. (*P. carinata* Schrad.). C'est peut-être parce que Lapeyrouse n'aura pas distingué le *P. subulata* Wulf. de l'espèce ainsi nommée par Linné, qu'il aura considéré la plante qui suit comme une espèce nouvelle.

— pungens Lap.

Rapportée par Mutel au *P. serpentina* Lam., dont elle diffère par ses feuilles et ses épis raides, par ses bractées aiguës, cette espèce est réunie avec raison par MM Decaisne (*in* De Candolle *Prod.* XIII, 730), et Grenier et Godron, au *P. subulata* L.

— sessiliflora Lap., p. 72.

Encore une espèce qui a fourni matière à de nombreuses

discussions. Mutel n'est pas éloigné d'y voir un état particulier du *P. Bellardi* All. ; M. Decaisne la rapporte au *P. subulata* L., et MM. Grenier et Godron l'ont omise. C'est le *P. carinata* Schrad. *var. depauperata* Gren. et God., mais une forme ayant les capitules entièrement sessiles (*Loret* et *Clos*).

— Psyllium L., P. arenaria Waldst. et K., P. Cynops L., p. 72.

Il règne dans l'Herbier une déplorable confusion de ces trois espèces, due sans doute à des remaniements. Le premier n'est autre que le *P. Cynops* L., si distinct par ses tiges sous-frutescentes, ses petits capitules subglobuleux, etc.; le deuxième est le *P. Psyllium* L., aux capitules ovales-oblongs, aux bractées égales, ne dépassant pas le calice, etc. Enfin, l'Herbier possède trois échantillons réunis sous le nom de *P. Cynops* L.; deux appartenant au *P. Cynops* L., l'autre au *P. arenaria* L.

Alchemilla vulgaris L. *var.* β, p. 74. — *A. pyrenaica* Duf. (*Loret* et *Clos*).

Hypecoum procumbens L., p. 75. — *H. grandiflorum* Benth. (*Loret* et *Clos*).

Sagina procumbens L., p. 77, mêlé au *S. apetala* L.

— apetala L., avec point de doute (*in herb.*). — *S. procumbens* L.; plante pérennante.

Radiola millegrana Sm., p. 78.

Les échantillons de cette espèce (*R. linoides* Gm.), sont mêlés avec ceux de l'*Asteroselinum stellatum* Link.

Myosotis apula L., p. 85.

Cette espèce manque dans l'Herbier au genre *Myosotis*; mais se retrouve dans le genre *Anchusa*, avec cette annotation : « *Anchusa tinctoria ?* L. Dans les fossés le long de la mer, en Roussillon : à comparer avec le *Lithospermum apulum* L. »

— Alpina Lap., p. 85. — *M. pyrenaica* Pourr.

Anchusa....... terrains secs près la mer à Bagnols (*in herb.*). La plante portant cette indication est l'*Alkanna tinctoria* Tausch.

CYNOGLOSSUM montanum Lap., p. 87. — *Pulmonaria tuberosa* Schrank, avec un fragment de *Cynoglossum officinale* L.

— pellucidum Lap. *S.* p. 28. — *C. montanum* L.

PULMONARIA officinalis L., p. 87. — *P. tuberosa* Schrank.

CERINTHE major L., p. 68. — *C. alpina* Kit.

— aspera L. — *C. alpina* Kit.

— minor L. — *C. alpina* Kit.

La localité assignée dans l'Herbier à ces trois plantes est la même. Dans aucune les feuilles ne sont ciliées (elles le sont dans le *C. aspera* Roth) : deux d'entre elles (*C. major* Lap., *C. aspera* Lap.) sont en fleur, leurs anthères sont subsessiles, et tous leurs caractères sont identiques : la troisième (*C. minor* Lap.) est dépourvue de corolle ; mais son calice a, comme celui des deux autres, ses segments oblongs, obtus, et elle appartient évidemment à la même espèce qu'elles.

LYCOPSIS vesicaria L., p. 89 ; double du *L. arvensis* L.

ECHIUM italicum L., p. 89. — *E. vulgare* L.

— grandiflorum Lap. p. 90, E. megalanthos Lap., *S.*, p. 29.

Judicieusement rapporté par Mutel et par MM. Grenier et Godron, à l'*E. plantagineum* L.

— pyramidale Lap., p. 90.

Rapporté avec raison, par M. Serres, à l'*E. pyrenaicum* DC., et par MM. Mutel, Grenier et Godron, à l'*E. italicum* L., synonyme de cette dernière espèce.

— luteum Desf., p. 91.

La plante de Lapeyrouse est rapportée par M. Alph. de Candolle, à son *E. pyramidatum*, c'est-à-dire, à l'*E. italicum* L., *E. pyrenaicum* Desf. L'échantillon de l'Herbier, consistant en trois petites fausses grappes détachées et en une feuille, avec cette double indication : *Echium luteum Desf. à San Felice Dr Barrera, Echium flavum*

Flor Atl. (celle-ci de la main de Desfontaines), appartient bien évidemment à l'*E. flavum* Desf. : ses étamines, très-longues, la forme de la feuille et les poils jaunâtres très-serrés et apprimés qui la couvrent, ainsi que le calice, répondent en tous points à la figure de l'*E. flavum* du *Flora Atlantica.*

Androsace Chamæjasme Willd , p. 95. — *A. villosa* L. Ce qu'avaient déjà reconnu MM. Bentham et Duchartre.

Primula veris L. et P. acaulis Jacq., p. 96.

M. Bubani (*l. c.*, p. 5), rapporte au *Primula Columnæ* Ten. (considéré par MM. Grenier et Godron comme une variété du *P. officinalis* Jacq.), le *Primula veris* de Lapeyrouse, et un des échantillons du *P. acaulis* Lap., espèce représentée aujourd'hui dans l'Herbier par un seul. La détermination de Lapeyrouse, relativement au *P. veris* L., est exacte ; sa plante est bien le *P. officinalis* Jacq. (nom rapporté aussi en synonyme par Lapeyrouse, *H. A.*, p. 86) ; ce dont témoignent les feuilles non cordiformes, le calice non enflé , etc.

— elatior Jacq. β alpina minor. — *P. intricata* Gr. God., si tant est que ce soit une bonne espèce (*Loret* et *Clos*).

— longiflora Jacq. et P. glutinosa L., p. 96.

D'après MM. Grenier et Godron, ces espèces ne croissent pas dans les Pyrénées. La première est représentée dans l'Herbier par deux échantillons ; la seconde par un seul ; mais ils ne sont suivis d'aucune indication de localité.

— marginata Curt., p. 97.

Cette espèce, refusée aussi aux Pyrénées par MM. Grenier et Godron, est représentée dans l'Herbier par un bel échantillon, avec ces mots : « *Roches ombragées au port de la Picade.* »

— Auricula L.

Encore, aux yeux des auteurs de la Flore de France, une plante douteuse pour les Pyrénées ; l'Herbier n'en possède qu'un échantillon, avec ces mots : « *au Canigou.* »

— latifolia Lap.

Cette espèce doit-elle être distinguée du *P. villosa* Jacq. ? M. Duby les réunit (*in* De Candolle *Prod.* VIII, 38), tandis qu'aux yeux de MM. Grenier et Godron elles sont différentes. D'après eux, un des principaux caractères du *P. latifolia* est d'avoir des pédoncules une ou deux fois plus longs que les feuilles ; mais, dans les deux échantillons de l'Herbier, ils dépassent à peine celles-ci. Toutefois, la forme et la grandeur des feuilles semblent établir entre ces deux espèces une distinction motivée : obovales-cunéiformes, opaques, épaisses, bordées de petites dents, et analogues à celles du *Saxifraga umbrosa* L. dans le *Primula villosa* Jacq. : spatulées et un peu elliptiques, minces, à grosses dents, et trois ou quatre fois plus grandes dans le *P. latifolia* Lap., où elles ressemblent, à part les dimensions, à celles du *Saxifraga stellaris* L. La variété *β major* du *Primula villosa* Jacq., établie par Lapeyrouse, appartient au *P. latifolia* Lap.

Nous ne savons pour quelle raison MM. Grenier et Godron, à propos du *Primula villosa* Jacq., *P. viscosa* Vill., donnent la préférence à ce dernier nom, postérieur en date, contrairement aux lois de la nomenclature botanique.

CORTUSA Mathioli L., p. 98.

Cette espèce, étrangère à la Flore française, d'après MM. Grenier et Godron, est représentée dans l'Herbier par un échantillon, avec l'indication : « *Au pic de Montvallier.* »

CYCLAMEN europæum L., p. 98.

MM. Grenier et Godron rapportent la plante de Lapeyrouse au *C. repandum* Sibth. et Sm.; l'échantillon assez incomplet de l'Herbier, consiste en un rhizome (sans tubercule), nu, long de 9 centim., trifurqué dans sa moitié supérieure, portant un bouton floral et une seule feuille bien développée cordiforme, obtuse, à bords très-légèrement crénelés et dépourvus d'angles saillants.

CONVOLVULUS siculus L., p. 101.

« Parait manquer dans les Pyrénées-Orientales,... où il

a été signalé par Lapeyrouse (Grenier et Godron). » L'Herbier possède un *seul* échantillon de cette espèce, sans indication de localité.

CAMPANULA rotundifolia L. *var.* cæspitosa Scop., p. 103. — *C. pusilla* Hænk. (*Loret* et *Clos*).

— Rapunculus L., p. 104. — *C. patula* L. Racine grêle; longs pédoncules étalés-dressés avec deux bractéoles au-dessus du milieu, etc. (*Loret* et *Clos*).

— rhomboidalis L., p. 104, deux échantillons avec l'indication : *Pales de Bouts*, *Cagire.*

— lanceolata Lap., p. 105. — *C. rhomboidalis* L. *var.*

La plante de Lapeyrouse est réunie par De Candolle (*Flor. Fr.*), et Duby (*Bot. Gall.*) au *C. rhomboidalis* L.; considérée comme variété de cette espèce, par Mutel et par M. Alphonse De Candolle (*Prodr.* VII, 470); enfin comme espèce distincte par MM. Grenier et Godron. Mais les nombreux échantillons de l'Herbier Lapeyrouse témoignent du peu de valeur, soit des caractères floraux (et en particulier de la longueur relative des divisions calicinales et de la corolle), soit des caractères des feuilles.

— Cervicaria L., p. 106.

Par son calice à divisions étroites, lancéolées et par son style de la longueur de la corolle, etc., la plante ainsi désignée par Lapeyrouse appartient au *C. glomerata* L.

— Medium L., p. 107.

Une inflorescence en panicule, des divisions calicinales à peine plus courtes que la corolle et un style à trois stigmates, ne permettent pas de douter que l'échantillon de l'Herbier n'appartienne au *C. speciosa* Pourr. (*C. longifolia* Lap.).

— bellidifolia Lap. *S.* p. 36.

Représenté dans l'Herbier par une seule feuille, accompagnée de ces mots : « *è Pyrenæis. Vaillant Herbier.* »

PHYTEUMA pauciflora L., p. 108. — *P. orbicularis* L. (*Loret* et *Clos*).

— pauciflora L. *var.* β cæspitosa villosa, p. 109 (sans indication de localité et avec un point de doute dans l'Herbier). — *Jasione humilis* Pers. (*Loret* et *Clos*).

— Michelii All., p. 109.

Rapporté avec raison par MM. Bentham, Duchartre, Alph. De Candolle (*Prodr.* t. VII, p. 451), et Grenier et Godron au *P. hemisphæricum* L., caractérisé par ses bractées ovales, acuminées, ses trois stigmates, etc.

— Scheuchzeri All., P. scorzonerifolia Vill., p. 109.

Dans l'*Histoire abrégée* comme dans l'Herbier, Lapeyrouse donne à tort ces deux dénominations comme synonymes. Sa plante diffère de l'une et de l'autre espèce et appartient, comme l'avaient déjà pensé MM. Alph. De Candolle, et Grenier et Godron, à la variété du *P. orbiculare* L., appelée *P. lanceolatum*.

— betonicæfolia Vill. (*in herb.*), P. spicata ζ betonicæfolia, p. 111. — *P. spicata* L., bractées longues, etc. (*Loret* et *Clos*).

Verbascum phlomoides L., p. 113.

La plante ainsi nommée n'a les feuilles ni décurrentes, ni laineuses-tomenteuses aux deux faces, c'est le *V. majale* DC., comme l'a bien reconnu M. Bubani (*l. c.* p. 5).

— dentatum Lap., p. 114, réuni à bon droit au *V. Chaixii* Vill., de l'aveu même de Lapeyrouse, (*S.* p. 37).

Datura Metel L., p. 115. Détermination exacte.

Cette espèce est omise par MM. Grenier et Godron ; il est vrai, que M. Duby prétend l'avoir vainement cherchée dans la localité où l'a cueillie Lapeyrouse.

Chironia uliginosa Lap., *S.* p. 39.

Judicieusement rapporté par MM. Grisebach (*in* De Candolle, *Prod.* IX, 43) et Grenier et Godron, à l'*Elodes palustris* Spach.

Ribes rubrum L., pag. 120 et R. nigrum L., p. 121. — *R. petræum* Wulf. (*Loret* et *Clos*).

VIOLA odorata L., p. 121, mêlé au *V. sylvatica* Fries (*Loret* et *Clos*).

— montana L, sans indication de localité, pag. 122 — *V. stagnina* Kit. (*Loret* et *Clos*).

— nummulariæfolia Vill. — *V. arenaria* DC.; feuilles crénelées, obtuses, etc. (*Loret* et *Clos*).

— tricolor L., pag. 123 : appartient à la forme décrite par M. Jordan, sous le nom de *V. Timbali* (*Loret* et *Clos*).

— arvensis L. — La forme *V. agrestis* Jord. (*Loret* et *Clos*).

— hispida Lam. V. rothomagensis Thuill. — *V. cenisia* L. (*Loret* et *Clos*).

— grandiflora L., sans indication de localité. — *V. lutea* Sm. (*part.*), *V. calcarata* Sm. (*part.*), *V. cenisia* All. (*Loret* et *Clos*).

ILLECEBRUM villosum Lap., p. 125.

Cette plante, omise par Mutel et par MM. Grenier et Godron, a pour synonyme, d'après Lapeyrouse, d'une part le *Paronychia pubescens* D. C. (qui n'est autre que l'*Herniaria hirsuta* L.), de l'autre, l'*Illecebrum maritimum* Vill. (qui n'est peut-être, d'après De Candolle *Prod.* III, p. 371, que le *Paronychia nivea* DC.). L'Herbier n'a pas de plante sous le nom d'*Illecebrum villosum;* celle qu'il renferme avec la dénomination d'*I. pubescens* Lap., n'est autre que le *Paronychia serpyllifolia* DC.

— Paronychia L. et I. capitatum L., p. 125. — *Paronychia serpyllifolia* DC., d'après la juste remarque de M. Bubani (*l. c*, p. 5).

THESIUM linophyllum L., p. 126 (*pro parte*) et T. alpinum L. — *T. pratense* Ehrb. (*Loret* et *Clos*).

CHENOPODIUM urbicum L., p. 128. — *C. Bonus-Henricus* L., aux graines verticales, etc.

— rubrum L., p. 128. — *C. murale* L.

— glaucum L., sans indication de localité, p. 130 : mêlé à l'*Atriplex rosea* L.

— glaucum L. *var.* caulibus prostratis, à Port-Vendres. — *Atriplex rosea* L. (*Loret* et *Clos*).

— Vulvaria L., p. 130. — *C. polyspermum* L.

SALSOLA salsa L., p. 130. — *Chenopodina maritima* Moq. : les feuilles sont subaiguës.

— vermiculata L., p. 131.

L'échantillon de cette espèce, que les auteurs croient étrangère à la France, porte cette indication : « *Très-commune à Collioure.* »

ULMUS pyrenaica Lap., *S.* p. 154.

Représenté dans l'Herbier seulement par trois feuilles séparées, longues de 20 cent., larges de 10 à 12, obovales brusquement et longuement acuminées; doit être rapporté à l'*U. montana* Smith *β major* Fries.

GENTIANA punctata Lap., p. 133. — *G. Burseri* Lap.

— asclepiadea L., p. 134, sans indication de localité, et accompagné d'un échantillon de *G. cruciata* L.

— utriculosa L. et sa *var.* β acaulis, pag. 135.[1] — *G. verna* L. β *alata* Gr. God., *G. angulosa* Bieb. (*Loret* et *Clos*).

— germanica Willd., p. 136. — *G. campestris* L., divisions calicinales très-inégales (*Loret* et *Clos*).

— nana Jacq. — *G. tenella* Rottb.

ERYNGIUM planum L., p. 137. — *E. Bourgati* L.

BUPLEVRUM stellatum L., p. 139.

Cette espèce qui n'est pas signalée dans les Pyrénées, par MM. Grenier et Godron, est représentée dans l'Herbier par trois échantillons, portant l'indication que l'on retrouve dans la Flore, c'est-à-dire *Pic de Gard.*

— graminifolium Vahl.

La même enveloppe renferme un échantillon de cette espèce, et un autre de *B. ranunculoides* L.

— repens Lap., p. 139. — *B. ranunculoides* L. *var.*

— oppositifolium Lap., p. 141.

J'ai prouvé ailleurs (*Bull. Soc. Bot.* t. III, p. 622), que la plante ainsi désignée par Lapeyrouse est une monstruosité du *B. falcatum* L.

— Odontites L., rapporté à bon droit au *B. aristatum* Bartl. par M. Bubani (*l. c.*, p. 6).

— obtusatum Lap., *S.*, p. 42.

Représenté dans l'Herbier par un seul échantillon ; ne doit pas être distingué du *B. ranunculoides* L.

AMMI pyrenæum Lap.

MM. Grenier et Godron déclarent que cette espèce leur est inconnue. L'échantillon de l'Herbier consiste en une ombelle en fleurs (sans fruits), qui semble appartenir à *l'A. daucifolium* Scop., et en deux fragments de feuille détachés.

BUNIUM Bulbocastanum L., p. 145, B. pyrenæum Lois., B. flexuosum With., p. 146.

Les trois plantes ainsi nommées dans l'Herbier, appartiennent à une seule espèce, le *Conopodium denudatum* Koch. Le *B. pyrenæum* Lap. ne répond pas à la figure que donne Loiseleur de cette espèce.

SELINUM sylvestre L., p. 146, sans indication de localité. — *S. palustre* L., *Peucedanum palustre* Mœnch.

Cette dernière espèce se retrouve sous le nom de *S. palustre* L., mais avec un point de doute dans l'Herbier.

— Chabræi Murr., sans indication de localité, p. 147. — *Endressia pyrenaica* Gay. (*Loret* et *Clos*).

— pyrenæum Gou. — *Angelica pyrenæa* Spreng.

— scabrum Lap. — *Xatardia scabra* Meissn.

— Seguierii L. — *Peucedanum venetum* Koch (*Loret* et *Clos*).

— Monierii L., p. 148. — *Peucedanum Oreoselinum* Mœnch. (*Loret* et *Clos*).

Caucalis arvensis L., p. 143. — *C. leptophylla* L. (*Loret* et *Clos*).

Des échantillons de *Torilis helvetica* Gm. sont mêlés à ceux du *Caucalis leptophylla* L. et du *C. Anthriscus* Roth.

Daucus lucidus L., p. 144 (Roussillon, Prades, Villefranche). — *D. gummifer* Gr. et God., *an* Lamk ? (*Loret* et *Clos*).

Athamanta crithmoides Lap., p. 148, une des formes l'*A. Libanotis* L. Lap. (*Libanotis montana* All.)

Laserpitium Libanotis Lamk., p. 151.—*L. Nestleri* S. Willm. (*Loret* et *Clos*).

— trilobum L.

MM. Grenier et Godron rapportent à tort cette plante au *L. Nestleri* S. Willm. Des deux échantillons désignés dans l'Herbier sous ce nom, l'un est le *L. latifolium* L., l'autre une ombelle d'*Angelica sylvestris* L. (*Loret* et *Clos*).

— ferulaceum Lap., p. 152.

Ombelle de fruits de *L. Nestleri* S. Willm., avec une rosette détachée de feuilles, semblables à celles du *Senecio adonidifolius* Lois. (*Loret* et *Clos*).

— hirsutum Lamk.

Cette espèce, qui semble n'avoir été signalée dans les Pyrénées que par Lapeyrouse, est représentée dans l'Herbier par un seul échantillon avec cette indication : *Pic de Gard.*

— simplex L.—*Endressia pyrenaica* Gay (*Loret* et *Clos*).

Heracleum setosum Lap., p. 153. — *H. Panaces* L.

M. Bentham rapporte l'*H. setosum* L., à l'*H. pyrenaicum* Lam., opinion adoptée par De Candolle, qui se demande néanmoins si l'*H. setosum* Lap. n'appartiendrait pas à l'*H. Panaces* L. (*Prod.* IV. 193). Les échantillons de l'Herbier correspondant à l'*H. setosum* de la Flore, portent les uns le nom d'*H. ternatum* Lap., les autres le nom d'*H. Pana-*

ces L., et diffèrent des précédents par leurs trois segments longuement pétiolulés. Les fruits manquent.

— elegans Jacq. p. 154.

Les caractères des organes floraux semblent indiquer dans cette plante l'*H. Sphondylium* L. (pétales blancs à divisions larges); les feuilles sont analogues à celles de l'*H. angustifolium* Vill.

— testiculatum Lap., *S.* p. 43. — *Verisimiliter H. æstivum* Jord. *in* Billot *Arch.*, p. 316 (*Loret* et *Clos*).

Ligusticum simplex Lap. et L. ferulaceum All., p. 155. — *Libanotis montana* All. et *L. montana* All. *var.*

Sium repens L., p. 157. — *Helosciadium nodiflorum* Koch. Tige non radicante à tous les nœuds.

— angustifolium L. (*partim, quoad* environs de Perpignan), — *Helosciadium nodiflorum* Koch. (*Loret* et *Clos*).

Œnanthe crocata L., p. 158 (*quoad* Prades, Montlouis). — *Coriandrum sativum* L.

L'*Œ. crocata* L. est représenté dans l'Herbier par une seule feuille sans indication de localité (*Loret* et *Clos*).

Æthusa Cynapium L., p. 159. — *Conium maculatum* L. (*Loret* et *Clos*).

Chærophyllum bulbosum L., p. 161. Rapporté aux Pyrénées d'après Burser et Pourret, est dans l'Herbier sans indication de localité.

— hirsutum L. — *Conium maculatum* L. (*Loret* et *Clos*).

— hirsutum L. *var.* cicutaria Vill. — *Chærophyllum hirsutum* L.

Seseli montanum L. *var.* γ ramis divaricatis, etc., p. 162. — *Trinia vulgaris* DC (*Loret* et *Clos*).

Carum Carvi L., p. 164; à l'espèce est mêlé un échantillon de *Ptychotis Timbali* Jord. (*Loret* et *Clos*).

Pimpinella dissecta Retz., p. 165. — *P. Saxifraga* L. (*Loret* et *Clos*).

— dissecta Retz. *var.* ε et *var.* ζ caule brachiato, etc., p. 165. — *Ptychotis heterophylla* Koch (*Loret* et *Clos*).

Lapeyrouse demande si ces deux variétés ne seraient pas chacune une espèce.

— dioica L., p. 166, *var.* β alpina, nana, glauca, cœspitosa, simplex. — *Gaya pyrenaica* Gaud.

Corrigiola imbricata Lap., p. 169, espèce représentée dans l'Herbier par un seul échantillon en mauvais état, omise par MM. Grenier et Godron, rapportée avec raison par de Candolle (*Prodr.* III. p. 367) et Mutel, à titre de variété, au *C. telephiifolia* Pourr.

Statice echioides L., p. 170. — *S. duriuscula* Gir. (*Loret* et *Clos*).

Linum usitatissimum L. *var.* foliis linearibus (sans indication de localité). — *L. angustifolium* L.

— perenne L., p. 171. — *L. alpinum* L.

— angustifolium Huds., mêlé au *L. suffruticosum* L., et au *L. alpinum* Gr. God. *an* L.?

— flavum L., p. 172, échantillon très-développé du *L. strictum* L.

— grandiflorum Desf., *S.* p. 45. — *L. usitatissimum* L. La localité assignée dans l'herbier à ces deux plantes est la même : *Vallée d'Eynes, Bains de Luchon.*

Leucoium æstivum L., p. 176. Un seul échantillon sans indication de localité.

Narcissus bicolor L. et N. radians Lap., p. 177.

Ces deux espèces (la seconde est dans l'Herbier sous le nom de *N. minor*) sont considérées avec raison comme variétés du *N. pseudo-Narcissus* L.

— Jonquilla L., p. 178, rapporté à bon droit, ainsi que sa variété β au *N. juncifolius* Req.

Allium sphærocephalon L, p. 179, mêlé à l'*A. Schœnoprasum* L.

— sphærocephalon L. β giganteum, aphyllum *S.* p. 46. — *A. approximatum* Gr. God. (*Loret* et *Clos*).

— serotinum Lap., p. 179. — *A. ochroleucum* W. K.

— senescens L. et A. angulosum L., p. 181. — *A. fallax* Don.

— triquetrum L., p. 182. — *A. neapolitanum* Cyr. avec feuilles d'*A. triquetrum* L.

— Moly L., p. 182. — *A. triquetrum* L.; hampe sans feuilles avec cette indication : *Villefranche*, *Montlouis* (*Loret* et *Clos*).

— sibiricum L., p. 182, double de l'*A. Schœnoprasum* L.

Fritillaria Meleagris L., p. 183. — *F. pyrenaica* L. (*Loret* et *Clos*).

Asphodelus ramosus L., p. 188. — *A. subalpinus* Gr. God.

Anthericum Liliago L., p. 189, mêlé au *Phalangium ramosum* Lam.

Hyacinthus Muscari L., avec l'indication *Bagnols, Can-Campa*, p. 191. — *Muscari racemosum* DC. (*Loret* et *Clos*).

Juncus arcticus W., p. 96. — *J. filiformis* L.?

Le seul échantillon de l'herbier réduit à un seul faisceau de feuilles sans tiges ni fleurs, avec l'indication : *Pic du Midi*, paraît appartenir au *J. filiformis* L.

— articulatus L., et J. subverticillatus Wulf., p. 194. — *J. lamprocarpus* Ehrh.

— articulatus L. *var.* γ, p. 194. — *J. alpinus* Vill.

— sylvaticus Roth, p. 194, et J. bulbosus L., p. 195. — *J. Gerardi* Lois.

— Jacquini W., p. 195.

L'Herbier ne possède de cette espèce, qui ne paraît pas avoir été retrouvée dans les Pyrénées, qu'un échantillon sans indication de localité.

— pilosus L. *var.* γ, Luzula parviflora Desv., *S.* p. 49. — *L. Desvauxii* K[th], à feuilles larges, à étamines subsessiles.

— albidus Hoffm., p. 196.

L'échantillon de cette espèce, signalée dans les Pyrénées par MM. Grenier et Godron sur la foi de Lapeyrouse, n'est accompagné d'aucune indication de localité.

Rumex divaricatus L., p. 198. — *R. pulcher* L., dont le premier est considéré par quelques auteurs comme une variété.

— bucephalophorus L., p. 199, pris à Bagnols.

Des pédicelles glabres, de grands sépales tridentés au sommet avec deux glochidies de chaque côté font rapporter les échantillons de cette espèce à la forme appelée par Steinheil *R. Hipporegii.*

— aquaticus L., p. 199, R. longifolius DC., *S.* p. 49. — *R. obtusifolius* L. (*Loret* et *Clos*).

— arifolius All., p. 200.

Des deux échantillons de cette plante, l'un qui avait d'abord été nommé par Lapeyrouse *R. scutatus* L., est cette dernière espèce si bien caractérisée par sa teinte glauque; l'autre est bien le *R. arifolius* All., si distinct des échantillons du *R. amplexicaulis* Lap., cueillis dans les mêmes localités, par ses ochréas et ses bractées laciniées.

Colchicum montanum L. (*in herb.*) — *C. autumnale* L. (*Loret* et *Clos*).

Bulbocodium autumnale Lap., p. 202. — *Merendera Bulbocodium* Ram., dont un échantillon est mêlé avec ceux du *Bulbocodium vernum* L.

Epilobium montanum L. *var.* foliis ternis, sans indication de localité, p. 207. — *E. trigonum* Schrank, stigmates soudés en massue, etc. (*Loret* et *Clos*).

— montanum L., E. alpestre Smith, sans indication de localité. — *E. trigonum* Schrank (*Loret* et *Clos*).

— tetragonum L. — *E. roseum* Schreb. (*Loret* et *Clos*).

— palustre L. (*quoad var.* β, γ, δ, p. 207). — *E. alsinefolium* Vill. (*Loret* et *Clos*).

A la variété δ de l'*E. palustre* L., se trouvent réunis deux échantillons d'*E. montanum* L. β *collinum* Koch ; et avec l'*E. hirsutum* L. est un fragment d'*E. tetragonum* L.

Passerina tinctoria Pourr., p. 213, un seul échantillon sans fleurs. — *Passerina* (*Daphne*) *calycina* Lap., rameaux étalés, non tomenteux.

— empetrifolia Lap., p. 61. — *P. dioica* Ram.

Ruta graveolens L., p. 220. — *R. bracteosa* DC.

— montana Ait. — *R. angustifolia* Pers.

Rhododendrum hirsutum L., et R. Chamæcistus L.

Ces deux espèces, qui, d'après MM. Grenier et Godron, seraient douteuses pour la Flore de France, sont représentées dans l'Herbier chacune par un échantillon, accompagnées de la même indication que celle qu'on trouve dans l'*Histoire abrégée,* p. 221. Voyez les renseignements donnés sur ces plantes par M. Bentham (*Catal.,* p. 115).

Pyrola rotundifolia L., p. 222.

Des deux échantillons ainsi dénommés, l'un est le *P. minor* L., à style court et droit ; l'autre est l'espèce.

Saxifraga diapensoides Bell., *S.* p. 54. — *S. aretioides* L.

Cette espèce, représentée dans l'herbier par un seul échantillon à moitié défleuri, est rapportée à tort par MM. Grenier et Godron au *S. media* Gou., dont elle diffère par ses longues rosettes pressées de feuilles linéaires, par son calice plus court et longuement dépassé par les pétales, par les étamines exsertes. Elle offre au contraire tous les caractères du *S. aretioides* Lap., en particulier les pétales obovales denticulés; mais, d'après Lapeyrouse, ceux-ci seraient blancs, tandis que le *S. aretioides* Lap. les a jaunes.

L'Herbier possède deux plantes signalées dans l'ouvrage de Lapeyrouse (*S.* p. 53), et portant pour désignation :

L'une, Saxifraga... hybride, ayant pour père la *calyciflora,* pour mère la *luteo-purpurea*. Montagne de Rie.

L'autre, Saxifraga... hybride, ayant pour père la *luteo-purpurea*, pour mère la *calyciflora*. Montagne de Rie.

— mutata L., p. 225. — *S. Aizoon* L.

— recta Lap. — *S. Aizoon* L. *var.*

Réuni par MM. Grenier et Godron au *S. Aizoon* L., auquel De Candolle le rapportait comme variété, le *S. recta* Lap. mérite d'en être distingué au moins à ce titre, par ses feuilles plus longues (25^{mm}) et serretées (non crénelées), par sa tige rameuse dans son tiers supérieur, et non simple et terminée par un petit corymbe floral.

— burseriana Jacq., p. 226, S. Vandellii Stern., p. 636. — *S. aspera* L.

Cette plante, représentée dans l'Herbier par un seul échantillon, est réunie, par MM. Grenier et Godron au *S. aretioides* Lap., dont elle diffère essentiellement : ses tiges courtes uniflores, ses feuilles linéaires-lancéolées, luisantes et bordées de longs cils, ses pétales elliptiques, sa capsule courte et libre ne semblent pas permettre de la distinguer du *S. bryoides* L., considéré lui-même à bon droit comme variété du *S. aspera* L.

— groenlandica L. — *S. Iratiana* Schul. (*Fl. de Fr. et d'Allem.*, p. 176.)

— mixta Lap., p. 228. — *S. pubescens* Pourr.

Toutefois un échantillon de *S. pubescens* Pourr., que j'ai tout lieu de croire avoir été envoyé par l'auteur de cette espèce à Lapeyrouse, semble appartenir aussi bien au *S. moschata* Lap. Le *S. palmata* Lap. qui est intermédiaire entre le S. *pubescens* Pourr. et le *S. geranioides* L., pourrait bien être une hybride de ces deux espèces.

— mixta Lap. γ tenuifolia, lobis profunde linearibus subsetaceis. — *S. pentadactylis* Lap.

— sedoides L., p. 230.

Cette espèce, indiquée aux Pyrénées sur la foi de Lapeyrouse, n'est représentée dans l'Herbier que par un fragment.

— stellaris L., et S. leucanthemifolia Lap., p. 231.

M. Duchartre a démontré depuis longtemps l'identité spécifique de ces deux plantes.

— cernua L., p. 232. — *S. granulata* L.

— aquatica Lap., p. 232.

Cette espèce avait été rapportée jusqu'ici au *S. ascendens* L.; mais il paraît démontré qu'elle diffère de la plante de Suède.

— cæspitosa L., p. 234, et S. moschata Jacq., p. 235. — *S. muscoides* Wulf.

Lapeyrouse signale la très-grande ressemblance de ces deux plantes.

— moschata Jacq. *var.* major elegantissima floribus majoribus, foliis subnervosis. — *S. exarata* Vill.

— ciliaris Lap., *S.* p. 54.

M. Bentham se demande si cette plante ne pourrait pas se rapporter au *S. androsacea* L., dont elle diffère par le port, par ses nombreuses rosettes à rejets stériles, par ses fleurs plus grandes, ses pétales écartés et entiers au sommet : elle se distingue aussi du *S. planifolia* Lap. par ses feuilles quelquefois bi-trifides au sommet, par ses pédicelles plus longs que le calice, par ses fleurs plus grandes. Serait-elle une hybride de ces deux espèces?

— ladanifera Lap.

Bien distincte du *S. geranioides* L., si on ne regarde que les extrêmes, cette espèce, d'après la juste remarque de MM. Bentham et Duchartre, se confond avec elle par de nombreux intermédiaires, et peut, comme l'ont fait MM. Grenier et Godron, être rapportée à celle-ci comme variété. L'assertion de Lapeyrouse déclarant que cette dernière espèce manque dans le centre de la chaîne des Pyrénées (*l. c.* p. 236), a été depuis longtemps réfutée par M. Duchartre qui l'a trouvée en très-grande quantité aux Estagnoux, à la Palé de Crabère, au Mail de Cristal, etc. (*Flor. Pyrén.*, exsicc. Fasc. 6, n° 111).

Scleranthus annuus L., p. 237.

Aux échantillons de cette espèce se trouve mêlé un fragment d'une plante bisannuelle ou pérennante, et qui, d'après la comparaison avec l'Herbier Lalanne, a donné lieu à des observations récentes de la part de M. Boutigny (V. *Bull. Soc. Bot.*, t. II, p. 768). Il appartient à l'espèce décrite par M. Grenier (*in* Billot, *Arch. Fl. de France*, p. 203, non *Flore de Fr.*), sous le nom de *S. polycarpos* L. Sa durée et les divisions fortement crochues de son calice nous ont paru, à M. Loret et à moi, des caractères suffisants pour la distinguer comme espèce.

Gypsophila saxifraga L., p. 238. — *Silene Saxifraga* L.

Calice assez grand, obconique, rougeâtre, dépourvu d'angles saillants et de calicule.

Saponaria bellidifolia Sm., p. 239.

Un ovaire libre surmonté de deux styles, 10 étamines exertes a filets insérés au sommet de l'onglet de pétales linéaires-cunéiformes, des fleurs jaunes réunies en capitule accompagné de deux grandes bractées oblongues et entouré de bractéoles à bords ciliés, et presque aussi longues que le calice, ne laissent aucun doute sur la bonne détermination de cette plante. C'est donc à tort que MM. Grenier et Godron donnent, d'après M. Serres (1), le *S. bellidifolia* Lap. comme synonyme du *Valeriana globulariæfolia* Ram. (*l. c.* II, p. 56).

— lutea L.

Représenté dans l'Herbier par un seul échantillon, comme le *S. bellidifolia* Sm., le *S. lutea* Lap., ne diffère de cette espèce que par la taille, ayant comme elle un capitule terminal jaunâtre, des feuilles spatulées; mais la longueur de sa tige n'atteint pas 4 centimètres, tandis qu'elle est de 26 centimètres dans le *S. bellidifolia*. Le calice n'est pas laineux; les filets staminaux sont jaunes; c'est donc bien le *S. bellidifolia* Sm. *var. nana*. M. Bubani avait

(1) J'ai parcouru avec soin la *Flore abrégée de Toulouse*, de M. Serres, et je n'ai pu y découvrir cette remarque.

déjà constaté l'identité spécifique des *S. bellidifolia* et *lutea* de l'Herbier Lapeyrouse (*l. c.*, p. 7).

DIANTHUS Carthusianorum L., p. 240. — *D. Carthusianorum* L. β *congestus* Gr. God.

Cette plante se retrouve dans l'Herbier sous le nom de *D. atrorubens* L., sans indication de localité.

— Carthusianorum L. *var.* δ, *S.* p. 58. — *D. Seguierii* Chaix (*Loret* et *Clos*).

— prolifer L., p. 241, *cum frustulo D. pungentis* L.

— Caryophyllus L. — *D. attenuatus* Sm. (*pro parte*) et *D. sylvestris* Gr. God. *an* Jacq. ? à écailles du calicule ovales obtuses; *an D. aggericolus* Jord. *in* Billot. *Annot.* décembre 1856 ? (*Loret* et *Clos*).

— sylvestris Wulf. — *D. tener* Balb. (*Loret* et *Clos*).

— serratus Lap. — *D. neglectus* Lois. (*pro parte*) et *D. attenuatus* Sm. (*Loret* et *Clos*).

— glaucus L., sans indication de localité (*in herb.*) D. deltoides β D. glaucus *H. A.*, p. 242. — *D. sylvestris* Gr. God. *an* Jacq. ? (*Loret* et *Clos*).

— alpinus L., p. 243. — *D. tener* Balb.

CUCUBALUS catholicus L., p. 244, Silene catholica Otth., (*in herb.*); plante refusée à la France, et rapportée, à bon droit, par M. Bentham, au *S. inaperta* L.

SILENE quinquevulnera L., p. 244. — *S. gallica* L., auquel certains auteurs le rapportent comme variété.

— stellata Lap., p. 245. — *S. ciliata* Pourr.

— paradoxa L., p. 246. — *S. nutans* L.

— stricta L., p. 246. — *S. gallica* L.

La plante de Lapeyrouse est rapportée à tort, par MM. Grenier et Godron, au *S. muscipula* L. : ses fleurs sont sessiles, unilatérales, et son calice est hispide, son fruit sans ombilic, etc.

— inflata Sm. *var.* δ alpina nana — *S. alpina* Thomas. (*Loret* et *Clos*).

— rubella L., p. 247. — *S. cretica* L., et non *S. inaperta* L., comme le pensait M. Bentham.

— muscipula L., p. 248. — *S. brachypetala* Rob. et Cast. (*Loret* et *Clos*).

— polyphylla L. — *S. inaperta* L.

Stellaria nemorum L., p. 249. — *Malachium aquaticum* Fries.

Feuilles sessiles, 5 styles, capsules dépassant à peine le calice, etc.

— Alsine Hoffm. — *S. uliginosa* Murr., synonyme cité, du reste, par Lapeyrouse.

— cerastoides L., S. multicaulis Willd., et S. radicans Lap., p. 250. — *Cerastium trigynum* Vill.

Arenaria peploides L., p. 251. — *Polycarpon peploides* DC., ce qu'a reconnu M. Bubani (*l. c.*, p. 5).

— cerastoides Lap., p. 252.

Ce nom n'est pas même cité dans la *Flore de France*, et De Candolle, M. Duby et Mutel le rapportent, en synonyme, à l'*A. purpurascens* Ram.; dénomination à laquelle ils donnent la priorité. Cependant M. Duchartre a écrit depuis longtemps : « La dénomination de Lapeyrouse étant la plus ancienne, doit être préférée (*Flor. Pyr.* exsicc. Fasc. 5, n° 83). » C'était aussi l'opinion de Persoon (*Enchir.* I, 502).

— triflora L., A. montana L., p. 253. A. saxatilis L., p. 254, et A. mixta Lap., p. 255, justement rapportés à l'*A. grandiflora* All.

— cherlerioides Vill., p. 254. — *Alsine recurva* Wahlenb.

La plante ne répond nullement à la figure donnée par Villars, et n'en a pas les caractères : ses feuilles, fasciculées, incurvées, linéaires, obtuses, ses sépales striés, aigus, etc., la font reconnaître pour l'*Alsine recurva* Wahlenb.

— hispida L., variété pubescente de l'*A. verna* L.

— liniflora L., p. 255. — *A. verna* L.

L'*A. liniflora* Jacq. est considéré comme synonyme de l'*Alsine verna* Barth.; mais le synonyme d'*Arenaria striata* Vill. donné par Lapeyrouse à l'*A. liniflora* L., ne lui convient pas. La plante de Villars, par son calice obtus, appartient à une autre section, et doit être rapportée à l'*Alsine Bauhinorum* Gay.

— mutabilis Lap., p. 256. — *Alsine mucronata* L.

Sedum Telephium L., p. 257.

Rapporté avec raison par M. Bubani (*l. c.*, p. 8), partie au *S. Fabaria* Koch, partie au *S. maximum* Sut. Les échantillons du premier ont été pris à Prats-de-Mollo; ceux du second, à Saint-Béat, au Pourtingau, sous le Pic de Tauro.

— saxatile Wigg., p. 259. — *S. alpestre* Vill., synonyme donné par Lapeyrouse.

— saxatile Wigg. *var.* β, à fleurs blanchâtres, est un double du *S. atratum* L., à fleurs en corymbe. L'étiquette de Lapeyrouse l'indique déjà par ces mots : *var. ramosius, floribus albis, cauliculis calicibusque atro rubentibus.*

— sphæricum Lap., p. 259, S. sphæricifolium Lap. (*in herb.*). — Rapporté, à bon droit, par MM. Grenier et Godron, au *S. brevifolium* DC., et à tort, par M. Bubani (*l. c.*, p. 8) au *S. dasyphyllum* L.

— divaricatum Lap., p. 260, rapporté, à bon droit, au *S. annuum* L. par M. Bubani. (*l. c.*, p. 8).

— sexangulare L.

Deux espèces différentes sous ce nom : l'une est le *S. annuum* L., l'autre (reçue par Lapeyrouse, et accompagnée de ces mots : *rochers des Cevennes*) le *S. amplexicaule* DC., si bien caractérisée.

— annuum L., p. 260. — *S. alpestre* L.; tiges rampantes, courtes, feuilles ovales-oblongues, à base un peu prolongée, fleurs en petit corymbe et subsessiles, pétales ovales-lancéolés, dressés, capsules étalées.

Cerastium vulgatum L., p. 263. — *C. viscosum* L. (*C. glomeratum* Thuill.).

— viscosum L., mêlé au *C. vulgatum* L. et au *C. varians* Coss. et Germ.

— semidecandrum L., représenté par un bout de tige uniflore, sans indication de localité. — *C. latifolium* L. (*Loret* et *Clos*).

— tomentosum L., p. 264. — *C. alpinum* L. *var. lanatum* Gr. et God.; capsule dépassant du double le calice, flocons laineux sur les rejets stériles, etc.

— repens L., sans indication de localité. — *C. alpinum* L. (*Loret* et *Clos*).

— glaberrimum Lap., p. 265. — *C. glaucum* Gren.

La plante de Lapeyrouse n'est pas signalée par MM. Grenier et Godron. Le seul échantillon de l'Herbier, qui, d'après l'apparence, appartenait à une plante probablement annuelle, bien que Lapeyrouse l'ait dite vivace, a 5 pétales à peine divisés, 8 étamines, 5 styles, etc.

— latifolium L. — *C. pyrenaicum* Gay : pétales ciliés à la base, etc.

Les localités assignées à cette plante par Lapeyrouse (*Canigou*, *Laurenti*), si elles sont exactes, méritent d'être notées.

— aquaticum L. — *Stellaria nemorum* L. : trois styles, capsule dépassant le calice, etc.

Spergula nodosa L. *var.* β floribus purpureis, p. 266. — *Gypsophila muralis* L. : calice monosépale, pentagonal, etc.

— glabra Willd. — Un petit échantillon sans indication de localité.

Reseda alba L. *var.* β foliis undatis, p. 269. — *R. lutea* L. (*Loret* et *Clos*).

— undata L. — *R. suffruticulosa* L. (*Loret* et *Clos*).

Euphorbia leptophylla Vill., p. 270. — *E. Gerardiana* Jacq. (*Loret* et *Clos*).

— carniolica Jacq., p. 272. — Rapporté, à bon droit, par M. Bubani (*l. c.*, p. 8), à l'*E. hyberna* L.

— pinea L. — *E. Paralias* L. (*Loret* et *Clos*).

— verrucosa L. — *E. platyphylla* L. (*Loret* et *Clos*).

— Esula L., échantillon réduit à un rejet sans fleur et méconnaissable.

Obs. Dans l'enveloppe qui renferme l'*E. amygdaloides* L., se trouvent deux fragments d'*E. nicæensis* All. ; et dans celle de l'*E. Gerardiana* Jacq., un échantillon d'*E. verrucosa* L.

Sempervivum montanum L., p. 276, à Rancié, Tourmalet.

Des deux échantillons de l'Herbier, l'un aux feuilles terminées par une houppe laineuse, est le *S. Pomelii* Lamt. (V. *Bull. Soc. Bot.*, t. II, p. 200) ; l'autre, aux feuilles oblongues lancéolées, le *S. arvernense* Lecoq et Lamt.

Rosa villosa L., p. 283. — *R. tomentosa* Sm.

— gallica L., p. 283, et R. pumila Jacq., p. 284.

Ces dénominations, généralement considérées comme synonymes, font double emploi dans l'*Histoire abrégée*.

— sempervirens L., p. 284. — *R. prostrata* DC.

— rubiginosa L. *var.* β, R. sepium Thuill. — *R. canina* L.

— moschata L. (*in herb.*), R. moschata Ait. *H. A.*, p. 284. — *R. sempervirens* L.

— aristata Lap., p. 285.

Cette espèce, admise par M. Lindley et par Mutel, omise par MM. Grenier et Godron, a sans doute disparu de l'Herbier ; à sa place se trouvent deux espèces, l'une le *R. rubiginosa* L., l'autre le *R. arvensis* Huds. *var. bracteata* Gren. et God.

— collina Murr.

Encore deux plantes sous ce nom ; l'une d'elles à sépales entiers, caducs est le *R. rubrifolia* Vill., et l'autre le *R. sphærica* Gren. *in* Billot *Arch.* (*Loret* et *Clos*).

— parviflora Ehrh. ? *S.* pag. 86. — *R. parvifolia* Ehrh. (*in herb.*). — *R. rubiginosa* L.

Le *R. parvifolia* Ehrh., espèce omise par MM. Grenier et Godron, est rapportée par Mutel et par M. Seringe (*in* De Candolle *Prodr.* II, 604), comme variété, au *R. gallica* L.

RUBUS fruticosus L., p. 286. — *R. discolor* Weih.

— corylifolius Sm. — *R. tomentosus* Borckh.

FRAGA sterilis β parviflora Lap., *H. A.*, pag. 287, Potentilla micrantha Ram. (*in herb.*). — *P. micrantha* Ram. (*part.*) et *P. splendens* Ram.

POTENTILLA opaca L. *var.* β et γ. — *P. alpestris* Gr. God. *an* Hall.? (*Loret* et *Clos*).

Cette espèce se retrouve dans l'Herbier, sous les noms de *P. subacaulis* L. (autant qu'on peut en juger par un échantillon sans fleurs et sans fruits), et de *Potentilla inter vernam et heterophyllam.*

— heterophylla Lap., p. 289 (un seul échantillon).

Espèce omise par Mutel et par MM. Grenier et Godron, rapportée avec raison par M. Duby au *P. verna* L.

— aurea L., pag. 289. — *P. aurea* L. (*part.*) et *P. pyrenaica* Ram.

— ascendens Lap., rapporté avec raison au *P. pyrenaica* Ram.

— subacaulis L., p. 290, (un seul échantillon sans organes floraux, à feuilles 5-foliolées). Rapporté, probablement à bon droit, au *P. verna* L.

— frigida Vill. (*in herb.*), *P.* subacaulis L. *var.* γ, *H. A.*, p. 290. — *P. opaca* L.

— integrifolia Lap., p. 291 (un seul échantillon), rapporté avec raison au *P. nivalis* Lap. (1).

— alba L., pag. 290, et P. grandiflora L., p. 291; rapportées aux Pyrénées sur la foi de Lapeyrouse, ces espèces sont dans l'Herbier sans indication de localité.

Geum rivale L. *var.* p. 292, à Cauterets.

Cette plante, rapportée par M. Bubani (*l. c. p.* 9) au *G. pyrenaicum* Ram., dont elle s'éloigne par son long carpophore, me paraît appartenir au *G. sylvaticum* Pourr.

Cistus salvifolius β corbariensis Pourr. p. 299, C. corbariensis Pourr. (*in herb.*). — *C. salvifolius* L.; feuilles ovales, non cordiformes, ni acuminées, ni à bords fimbriés; pédoncules uniflores.

— crispus L., p 300. — *C. crispus* L. (*pro parte*) et *C. incanus* L.

— calycinus L. a Fumana non diversus (*in herb.*), C. Fumana β calycinus L. (*H. A.*, pag. 301). — *Fumana Spachii* Gr. God.

— piloselloides Lap., p. 301. — *Helianthemum canum* Dun.

— marifolius L. *var.* C. canus Jacq. — *Helianthemum canum* Dun.

— œlandicus L. — *Helianthemum italicum* Pers. γ *micranthum* Gr. God. (*Loret* et *Clos*).

— thymifolius L., p. 302. — *Fumana viscida* Spach (*Loret* et *Clos*).

---

(1) Il ne sera peut-être pas tout-à-fait inutile pour la bibliographie de faire remarquer qu'à l'égard de cette dernière espèce et de plusieurs autres créées par Lapeyrouse, les auteurs, suivant en cela l'exemple de De Candolle, citent les *Actes de Toulouse* (ex. *Potentilla nivalis* Lap. ac. Toul. in DC. *Flore Franç.* IV, pag. 465, et Grenier et Godron, *l. c.* 1. 525); il n'y a pas d'ouvrage sous ce titre, et la citation devrait porter : *Histoire et Mémoires de l'Acad. des Sciences, Inscript. et Belles-Lettres de Toulouse*, in-4°.

— hirsutus Lap., judicieusement rapporté par Arnott à l'*Helianthemum vulgare* Gært.

— origanifolius Lamk., *S.* pag. 73. — *Helianthemum italicum* Pers.

PÆONIA officinalis L. p. 304. — *P. peregrina* Mill. (*Loret* et *Clos*).

DELPHINIUM Consolida L., sans indication de localité, p. 304. — *D. Ajacis* L.

— intermedium Ait. et D. elatum L. — *D. elatum* Pers. *var.* β Gr. God. (*Loret* et *Clos*).

ACONITUM Lycoctonum L., p. 305. — *A. Lycoctonum* L. γ *pyrenaicum* Ser.

— neomontanum Kœll., p. 305, et A. paniculatum Lam., p. 306. — *A. Napellus* L.

AQUILEGIA alpina L., p. 306. — *A. pyrenaica* DC.

ANEMONE Pulsatilla L. p. 308, sans indication de localité.

— sylvestris L., p. 309.

Indiquée aux Pyrénées sur la foi de Lapeyrouse, cette espèce manque dans l'Herbier.

THALICTRUM fœtidum L., p. 311 (avec un point de doute dans l'Herbier; échantillon très-incomplet); paraît être le *T. saxatile* DC. non Vill. : glabre, pédoncules grêles, étalés; anthères plus courtes que celles du *T. minus* L.; cinq carpelles ovales.

— tuberosum L.

Indiquée aux Pyrénées, d'après Lapeyrouse, cette espèce manque dans l'Herbier.

— medium Murr. (avec un point de doute dans l'Herbier). — *T. minus* L. γ *glandulosum* Koch, *T. pubescens* DC.

— angustifolium L. — *T. spurium* Timeroy (*Loret* et *Clos*).

Adonis vernalis L., p. 312, est dans l'Herbier sans indication de localité.

— apennina L., p. 313. — *A. pyrenaica* DC.

Ranunculus pyrenæus L. γ buplevrifolius Lap., p. 314. — *R. angustifolius* DC. (*Loret* et *Clos*).

— dealbatus Lap., p. 315.

Rapporté par De Candolle, M. Duby et Mutel, comme variété au *R. aconitifolius* L. (dont le *R. platanifolius* L. est pour ces auteurs une variété), réuni par MM. Grenier et Godron au *R. platanifolius* L., le *R. dealbatus* Lap. diffère essentiellement et de l'un et de l'autre. L'échantillon consiste en deux feuilles radicales détachées (à 12-14 lobes peu profonds, obtus et lobés-dentés, etc.), et en une inflorescence médiocrement rameuse; bractées tripartites à segments oblongs, obtus, bidentés au sommet; réceptacle pubescent; sépales ovales, blanchâtres, pubescents étalés; pétales trois fois plus longs, de forme oblongue; carpelles nombreux, en tête ovale-globuleuse, dense, pédicellée, triangulaires aplatis, nerviés, à stigmate sessile tomenteux ainsi que le bord supérieur de l'ovaire. Plante à poils blancs laineux, étalés.

— giganteus Lap., *S.* pag. 76 (R. heterophyllus Lap. *H. A.* 316).

Cette plante est rapportée par les auteurs au *R. aconitifolius* L. Toutefois, il conviendrait, ce semble, d'adjoindre à ce dernier deux variétés : l'une à feuilles ternées (*var. α ternatifolius*), désignée dans l'Herbier par ces mots : *R. heterophyllus var. minor* et *R. aconitifolius var. constans foliis ternis ;* l'autre d'une haute stature et à feuilles aussi ternées *var. β giganteus*. M. Bubani, qui a pu étudier dans son lieu natal le *R. giganteus* Lap., dit de cette plante : *pro legitima stirpe libenter recipio* (*l. c.* p. 10), et M. Loret n'est pas éloigné non plus d'y voir une espèce distincte.

— Philonotis Retz., p. 319. — *R. villosus* St.-Am. (*Loret* et *Clos*).

— tuberosus Lap., R. lanuginosus L., p. 320.

M. Timbal-Lagrave a prouvé que les deux (1) plantes ainsi nommées par Lapeyrouse, appartiennent à une seule espèce le *R. tuberosus* Lap. (Voy. *Mémoires Acad. Sci.*, *Toulouse*, 4e série, t. v, p. 314 et suiv.); il faut encore réunir à celle-ci le *R. polyanthemos* L. de l'Herbier. D'après M. Timbal, de même que le *R. lanuginosus* L. est propre au Dauphiné et à la Suisse, et le *R. polyanthemos* L. à l'Allemagne, le *R. tuberosus* Lap. appartient exclusivement aux Pyrénées.

— parvulus L., p. 320.

Deux espèces sous ce nom, d'abord prises par Lapeyrouse pour le *R. parviflorus* L. : l'une recueillie à Can-Campa et à Bagnols est le *R. parviflorus* L. (feuilles trilobées, pétales de la longueur des sépales, fruits à poils crochus); l'autre provenant des terrains gras et inondés de Bagnols, a ses carpelles en épi, avec le style aussi long que l'ovaire et crochu, des feuilles tripartites, à lobes cunéiformes trilobés, une tige peu rameuse, à poils soyeux-laineux, une racine grumeuse, le calice velu, c'est le *R. monspeliacus.* L. *var.β cuneatus* DC. (*Fl. fr.* v, 638.)

— parviflorus L., p. 321. — *R. Philonotis* L. et aussi probablement *R. Xatardi* Lap., *S.* p. 77.

M. Walker-Arnott rapporte le *R. parviflorus* de Lapeyrouse au *R. trilobus* Desf., avec lequel j'ai pu le comparer et qui en est bien distinct : voici les caractères des deux échantillons de l'Herbier : racine fibreuse, plante rameuse dès la base, chargée de quelques poils épars, ceux-ci nombreux aux gaînes; feuilles inférieures subpinnées, à pinnules trilobées avec les divisions aiguës (le *R.*

(1) A ces deux plantes, M. Timbal associe à tort, ce nous semble, le *R. divaricatus* Lap. Sans doute, on trouve dans l'Herbier une plante sous ce nom, mais l'étiquette d'un échantillon de *R. tuberosus* Lap. porte ces mots : *Id. ac divaricatus.* Et ce qui prouve que Lapeyrouse avait bien reconnu l'identité de ses *Ranunculus tuberosus* et *divaricatus*, c'est qu'il n'est pas fait mention de ce dernier dans son ouvrage.

Philonotis L. a, d'après MM. Grenier et Godron, les feuilles inférieures *orbiculaires ou ovales*, et d'après De Candolle, *divisées jusqu'a la base en trois parties qui sont elles-mêmes incisées*) : calice réfracté, pétales plus grands, mais cependant peu développés, jaunâtres (Lapeyrouse donne à son *R. Xatardi* des *pétales jaunes grands brillants*, seul caractère qui ne convienne pas à son *R. parviflorus*) : capitules des carpelles globuleux, fruits semblables à ceux du *R. Philonotis* L., mais chargés de petits tubercules sur toute leur surface. L'Herbier n'a pas de plante sous le nom de *R. Xatardi*.

Ajuga alpina L., p. 325. — *A. pyramidalis* L. (*Loret* et *Clos*).

Teucrium capitatum L., p. 327. — *T. Polium* L.

Feuilles assez larges, cunéiformes, profondément crénelées, quatre divisions du calice aiguës, la supérieure ovale ; lobe médian de la corolle suborbiculaire, etc. D'après MM. Grenier et Godron, le *T. capitatum* L. (dont M. Bentham ne fait qu'une variété du *T. Polium* L.) ne croît point en France.

Nepeta graveolens Vill., p. 328. — *N. Cataria* L.

Feuilles inférieures longuement pétiolées, les florales assez grandes ; tube de la corolle inclus, dilaté à la gorge.

— graveolens Vill. β minor angustifolia Lap., p. 329. — *N. graveolens* Vill., *N. lanceolata* Lam. (*Loret* et *Clos*).

— violacea L. (dans l'Herbier sans indication de localité). — *N. Cataria* L.

Lavandula Spica L. (Tarascon, etc.), p. 329. — *L. latifolia* DC.; bractées linéaires avec bractéoles (*Loret* et *Clos*).

— Spica L. *var.* β latifolia, p. 330. — *L. Spica* L. (*Loret* et *Clos*).

Sideritis scordioides L. β hirta p. 330. — *S. hirsuta* L. (*Loret* et *Clos*).

— crenata Lap., p. 331.

Réuni par MM. Grenier et Godron au *S. hyssopifolia* L.,

aux rameaux grêles, aux feuilles linéaires, linéaires-elliptiques ou cunéiformes, entières ou bi-tridentées au sommet, le *S. crenata* Lap. mérite, à notre avis, d'en être distingué comme variété, par ses feuilles largement elliptiques, ou ovales, ou obovales, crénelées ou dentées, au moins dans leur moitié supérieure, et quelquefois jusqu'à la base.

Mentha viridis L., p. 331. — *M. sylvestris* Gr. God. *an* L.? (*Loret* et *Clos*).

— sativa L., p. 332. — *M. aquatica* L.

— gentilis L., sans indication de localité. — *M. sativa* L.

Lamium Orvala L., p. 333. — *L. Galeobdolon* Crantz.

— Orvala L. *var.* γ Lap. — *L. maculatum* L. (anthères poilues, etc.), variété singulière à feuilles très-étroites et longues, à divisions calicinales très-allongées.

— stoloniferum Lap., p. 333. — *L. maculatum* L., et *L. Galeobdolon* Crantz.

— stoloniferum Lap. *var.* floribus albis hirsutissimis, à Prats-de-Mollo (*in herb.*) — *L. flexuosum* Ten. (*Loret* et *Clos*).

Galeopsis Ladanum L., pag. 334. — *G. angustifolia* Ehrh. (*Loret* et *Clos*).

— Ladanum L. *var.* flore albo (*in herb.*) — *G. Filholiana* Timb.

— Ladanum L. *var.* β hirsuta, pilis glanduligeris, floribus capitatis. — *G. pyrenaica* Bartl. (*Loret* et *Clos*).

— grandiflora Roth., p. 334, sans indication de localité. — *G. pyrenaica* Bartl.

Betonica hirsuta L., p. 335, sans indication de localité.

Stachys hirta L., p. 336. — *S. maritima* L.

— barbata Lap., — *S. heraclea* All.

Phlomis fruticosa L. — *P. Lychnitis* L.

Origanum creticum. L., p. 339. — *O. vulgare* L. (*part.*) et *O. creticum* DC. *an* L?

THYMUS Serpyllum L., mêlé avec le *T. montanus* W. et Kit., *T. Chamædrys* Fries (*Loret* et *Clos*).

— Serpyllum L. *var.* foliis nervosis (à Crabère), et *var.* calycibus et foliis basi ciliatis floribus albis (à Cambredazes, etc.) — *T. Serpyllum* L. *var. angustifolius* Gr. God. (*Loret* et *Clos*).

— Zygis L., p. 339. — *T. vulgaris* L.

C'est certainement à tort que la plante de Lapeyrouse, réduite à un fragment, et dont le nom est suivi d'un point de doute, est rapportée par MM. Grenier et Godron au *T. Serpyllum* L. *var.* γ *confertus* Gr. God.

MELISSA Nepeta L. p. 341. — *Calamintha officinalis* Mœnch. (*Melissa Calamintha* L.).

— Calamintha L. — *Calamintha Nepeta* Link.

PRUNELLA laciniata L., p. 343.—*P. alba* Pall. (*Loret* et *Clos*).

BARTSIA Fagonii Lap., p. 343. — *B. alpina* L.

— imbricata Lap., p. 344. —*Euphrasia nemorosa* Pers. γ. *parviflora* Soy-Will.

C'est la forme que M. Jordan désigne sous le nom d'*E. ericetorum*. Cette espèce se retrouve dans l'Herbier, sous le nom d'*E. officinalis* L. *var.* γ *aphylla caule simplici.*

— humilis Lap.

Ne diffère de la précédente que par ses tiges lâchement rameuses, ses longs entrenœuds, ses feuilles caulinaires crénelées, les florales à dents aiguës.

RHINANTHUS Trixago L., p. 345; R. Trixago L. et R. Alectorolophus L. (*in herb.*) — *Eufragia viscosa* Benth.

Capsule oblongue, feuilles la plupart alternes, fleurs inférieures espacées, etc.

EUPHRASIA officinalis L. *var.* major latifolia, p. 345. — *E. nemorosa* Pers. (*Loret* et *Clos*).

— linifolia L., p. 346. — *E. viscosa* L.

Corolle à bords non ciliés, étamines à filets glabres, incluses ainsi que le style.

Melampyrum nemorosum L., p. 346. — Sans indication de localité.

Pedicularis incarnata Jacq., p. 348. Deux échantillons sans indication de localité.

M. Duchartre a constaté depuis longtemps qu'ils présentent les caractères de l'espèce de Jacquin et ressemblent parfaitement à la figure donnée par cet auteur (*l. c.*, 9e fasc., n° 176).

— rostrata L., *var.* β et γ, p. 349. — *P. pyrenaica* Gay, d'après la juste observation de M. Duchartre (*l. c.*, fasc. 9, n° 176).

— asparagoides L., considéré à bon droit comme une variété du *P. comosa* L.

— gyroflexa Vill., rapporté avec raison par MM. Gay, Duchartre et Bubani au *P. pyrenaica* Gay.

— tuberosa L., p. 350.

Indiqué aux Pyrénées sur la foi de Lapeyrouse. Le seul échantillon de l'Herbier appartient au *P. comosa* L.; épi dense allongé, calice campanulé à dents courtes, ovales, obtuses, etc.; lèvre supérieure de la corolle bidentée.

Antirrhinum Elatine L., p. 350, est rapporté par M. Bubani (*l. c.*, p. 11) au *Linaria commutata* Bernh., espèce qui appartient, d'après Chavannes (*Monogr.*, p. 108) et M. Bentham (*in* DC. *Prod.* X, p. 268), au *L. Elatine* Desf.; et, d'après MM. Grenier et Godron, au *L. græca* Chav. L'Herbier offre, dans la même feuille, un mélange d'échantillons de *L. Elatine* Desf. et de *L. græca* L., espèces si distinctes par leurs graines.

— versicolor Lamk., p. 351. — *Linaria simplex* DC.

Plante annuelle, feuilles toutes linéaires quaternées, corolle très-petite, jaune, à lobes de la lèvre supérieure réfléchis. D'après M. Bubani (*l. c.*, p. 11), l'*Antirrhinum versicolor* Lap. est le *Linaria arvensis* Desf.

— sparteum L.

Rapporté à bon droit par M. Bubani (*l. c.*, p. 11), au *Linaria italica* Trev.

— glaucum L., p. 352, avec un point de doute dans l'Herbier. — *Linaria alpina* DC.

Feuilles linéaires (non subulées) ; pédoncules très-courts, pubescents-glanduleux, etc.

— genistifolium L., sans indication de localité.

Scrophularia Scopolii Hoppe et S. nodosa L., p. 355 et 356 (1) — *S. alpestris* Gay.

Feuilles grandes cordiformes-ovales, bord des divisions calicinales étroit, etc.

— betonicæfolia Lap. — *S. aquatica* L., et non *S. alpestris* Gay.

Feuilles supérieures (les inférieures manquant) en cœur à la base, à sommet arrondi, crénelées-dentées; appendice staminal suborbiculaire, un peu échancré à son bord supérieur.

— vernalis L.? p. 356.

Cette plante, dans laquelle Lapeyrouse avait peine à reconnaître le *S. vernalis* L., est devenue pour M. Bentham le *S. pyrenaica* Benth.

Digitalis intermedia Lap., p. 357. — *D. purpurascens* Roth.

Fleurs longues de trois centimètres, et non en grappe unilatérale ; pédoncule et calice pubescents-glanduleux, celui-ci à divisions lancéolées, corolle jaune veinée de pourpre.

Orobanche fœtida Desf., p. 358.

La plante de Lapeyrouse, rapportée par MM. Grenier et Godron à l'*O. cruenta* Bert., appartient par les trois lobes inégaux de la lèvre inférieure de la corolle, et par ses étamines glabres, à l'*O. Rapum* Thuill.

---

(1) Le vrai *Scrophularia nodosa* L. est dans l'Herbier sans dénomination.

— caryophyllacea Smith, p. 359. — *O. cruenta* Bert.

Épi lâche, tube de la corolle renflé à la base, bords du limbe fimbriés-dentés, filets lancéolés velus.

— major L., p. 358, et O. elatior Sutt., p. 359, font double emploi dans la Flore.

Lepidium Iberis L., p. 365, et L. graminifolium L., *S.* p. 90. — *L. graminifolium* L., d'après la juste remarque de M. Bubani (*l. c.*, p. 11).

— rotundifolium All.

MM. Grenier et Godron assignent les Alpes seules pour patrie à cette espèce ; l'étiquette de l'Herbier porte : *au Canigou, au-dessus de St-Martin.*

— cristatum Lap., p. 366. — *Thlaspi alliaceum* DC.

Le *Lepidium cristatum* Lap. a été rapporté, par Arnott, au *Lepidium campestre* R. Br., mais les deux échantillons de l'Herbier en diffèrent sensiblement.

La comparaison que nous avons faite, M. Loret et moi, de la plante de Lapeyrouse avec des échantillons authentiques de *T. alliaceum* DC. (espèce qui est fréquemment, sinon toujours, annuelle, contrairement à l'assertion des auteurs qui la donnent comme bisannuelle), ne nous a pas permis de conserver le moindre doute sur leur identité spécifique.

Thlaspi procumbens Lap., p. 366. — *Teesdalia nudicaulis* R. Br.

Espèce reproduite sous les noms de *Thlaspi nudicaule* Lap., p. 366, et d'*Iberis nudicaulis* L., p. 371.

— montanum L., p. 367. — *T. virgatum* Gr. Godr.

Plante annuelle à tige raide, simple ; rosette de feuilles radicales obovées ; grappe longue ; fleurs petites ; pédoncules étalés à angle droit, plus courts que la silicule oblongue-cunéiforme ; style dépassant à peine l'échancrure du fruit ; 3-4 graines lisses dans chaque loge. Le *T. montanum* L. n'était indiqué aux Pyrénées que sur la foi de Lapeyrouse.

— hirtum L., p. 368. — *Lepidium heterophyllum* Benth. *var. canescens* Gr. Godr.

Souche non écailleuse, anthères violacées, pédicelles de la longueur du fruit arrondi à la base, graines obtuses et lisses. M. Serres (*Fl. Toul.*) rapporte le *L. hirtum* Lap. au *L. campestre* L.

— marginatum Lap., *S.* p. 90. — *T. saxatile* Lap., *H. A.*, p. 367. — *Æthionema saxatile* R. Br.

Cochlearia officinalis L., p. 368. — *C. officinalis* L. β *pyrenaica* Gr. Godr.; *C. pyrenaica* DC.; espèce que M. Bubani (*l. c.*, p. 11) tient pour légitime.

Iberis nana All., p. 370; réuni avec raison, par MM. Grenier et Godron, à l'*I. spathulata* Berg. (*I. carnosa* Lap.).

C'est à tort, croyons-nous, que M. Grenier, revenant plus tard sur cette opinion (*Arch. Flor. Fr. Allem.*, p. 275) rapporte à l'*I. Bernardiana* Gr. God. l'*I. nana* Lap. Le seul échantillon de l'Herbier ressemble en tous points à l'*I. spathulata* Berg., et ne saurait en être distingué.

— saxatilis L., p. 370.

« C'est à tort, dit judicieusement M. Duchartre, que Bentham accole l'*I. saxatilis* Lap. comme synonyme à l'*I. amara*; la plante de Lapeyrouse est sûrement l'espèce de Linné (*Fl. Pyr.* exsicc. Fasc. 9, n° 164). »

— sempervirens L. — *I. Garrexiana* All.

— pyrenaica Lap.; rapporté à bon droit à l'*Æthionema saxatile* R. Br.

Alyssum halimifolium L., p. 371. — *A. macrocarpum* DC.

La plante de Lapeyrouse est rapportée à bon droit par De Candolle (*Syst. Regn. Veg.*, T. II, p. 321), Duby (*Bot. Gall.*) et par Mutel à l'*A. macrocarpum* DC.; et à tort par MM. Grenier et Godron à l'*A. perusianum* Gay, dont elle diffère par ses grappes courtes, ses sépales étalés, son long style (caractère qui la distingue aussi de l'*A. halimifolium* L.), sa silicule orbiculaire, ses graines ailées.

— incanum L., p. 372 ; sans indication de localité.

— utriculatum L. , rapporté à tort par M. Bentham au *Camelina sativa* L.

L'*Alyssum utriculatum* L. est refusé aux Pyrénées. Le seul échantillon de l'Herbier est accompagné de la localité *Melles*.

Biscutella auriculata L., p. 373. — *B. cichoriifolia* Lois. (*B. hispida* DC.).

— picridifolia Lap. — *B. lævigata* L. γ *intermedia* Gr. Godr. (*B. saxatilis* Schleich).

Plante vivace, feuilles pileuses scabres, les radicales oblongues ; sépales égaux à la base, pétales biauriculés, disque des silicules ponctué-scabre. Cette plante a été rapportée à tort au *B. cichoriifolia* Lois.

— coronopifolia L., p. 374. — *B. pyrenaica* Huet *in Ann. Sc. nat.*, t. 19, p. 251.

Feuilles petites à 3-5 dents profondes et à poils rudes, silicules scabres avec aspérités blanchâtres, sans ailes près du style, etc. La localité de ces plantes est la même (*Loret* et *Clos*).

Cardamine parviflora L., p. 376 ; sans indication de localité. — *C. hirsuta* L.

— amara L. — *C. pratensis* L.

— amara L. *var.* β foliolis angulosis Lap. — *C. amara* L.

— heterophylla Lap., p. 377 (un seul échantillon !) — *C. resedifolia* L.

La même localité (*Pic du Midi*) est assignée à ces deux plantes.

Sisymbrium bursifolium L., p. 379. — *S. pinnatifidum* DC.

Plante vivace multicaule, pédoncules grêles, stigmate sessile.

— murale L. *var.* β Lap. — *Diplotaxis viminea* DC.

— Lœselii L., p. 380. — Double du *S. Columnæ* Jacq. ; cotylédons incombants.

— obtusangulum Willd. *var.* ε, p. 381 (avec la localité *Endretlis*), et S. acutangulum DC. *var.* β, p. 381 (avec la localité Bagnols, Costebonne).

L'une et l'autre de ces plantes appartiennent au *Sinapis Cheiranthus* Koch, ce qu'avait reconnu Lapeyrouse, donnant dans son Herbier pour synonymes à la première *Brassica Cheiranthus* Vill., et *B. montana* DC.; à la seconde cette dernière dénomination.

Erysimum repandum L. ? p. 383. — *E. cheiranthoïdes* L.

Cheiranthus erysimoides Jacq. *var.* β, p. 383. — *Erysimum ochroleucum* DC. *var.* γ *intermedium* Gay. (*Loret* et *Clos*).

Hesperis africana L., p. 384. — *Arabis verna* R. Br.

Arabis alpina L. *var.* β foliis sessilibus ellipticis, p. 384, et *A. integrifolia* Lap., p. 385. — *A. ciliata* Koch *var.* β *hirsuta* Koch.; tige à poils simples, feuilles velues, etc.

— stricta Huds., p. 385 (un seul échantillon, sans indication de localité). — *A. bellidifolia* L.

Turritis multiflora Lap., p. 386. (*Arabis multiflora* Lap. *in herb.*).

Judicieusement rapporté à l'*Arabis sagittata* DC.

— hirsuta L. — *Arabis sagittata* DC.

Espèce considérée par Mutel comme une variété de l'*A. hirsuta* Scop.

— setosa Lap. *S.* p. 93.

Rapporté à bon droit à la variété *montana* du *Sinapis Cheiranthus* Koch.

Brassica arvensis L., p. 387. — *B. Napus* L.

— alpina L. ? *quoad* Dent d'Orlu, p. 388. (*in herb.*) — *B. campestris* L.

Erodium lucidum Lap., et E. crispum Lap., p. 390.

Ces deux espèces sont réunies à bon droit à l'*E. petræum*

Gou., mais méritent d'être distinguées, comme le fait Mutel, à titre de variétés.

M. Bubani considère comme des formes de l'*E. petræum* W. les *E. lucidum* Lap., *E. radicatum* Lap., *E. petræum* Lap., *E. crispum* Lap. (*l. c.*, p. 12). M. Timbal-Lagrave, qui a aussi étudié ces plantes dans leur lieu natal, voit en elles autant d'espèces distinctes, et trouve surtout des caractères différentiels dans leurs graines. L'examen des semences de l'*E. lucidum* Lap. nous les a montrées plus petites que celles de l'*E. crispum* Lap. et de l'*E. petræum* Willd.

Geranium sylvaticum L., p. 393. — *G. pratense* L.

— aconitifolium Willd. — *G. pratense* L.

— palustre L.; dans l'Herbier, sans indication de localité.

— palustre L. *var.* parviflorum tenuifolium Lap., *S.* p. 96. — *G. Lebelii* Bor.

Malva sylvestris L., p. 396. — *M. moschata* L.; pédoncule solitaire, pièces du *stipulium* linéaires.

— rotundifolia L. — *M. moschata* L. *var.* γ *Ramondiana* Gr. God; pédoncules solitaires, pétales très-grands, etc.

— moschata L. β segmentis foliorum filiformibus, à Saint-Cyprien près Elne, *S.* p. 96. — *M. Tournefortiana* L. (*Loret* et *Clos*).

Lavatera Olbia L., et L. triloba L., p. 397. (Cette dernière espèce dans l'Herbier sans désignation de nom d'auteur ni de localité.) — *Malva sylvestris* L.

Trois pièces libres au *stipulium*, pétales très-longs, fortement échancrés.

— trimestris L. — *L. Olbia* L. β *hispida* Gr. God.

Fumaria bulbosa L., p. 400 (un seul échantillon sans indication de localité). — *Corydalis solida* Sm.

Tubercule plein à racines adventives seulement à la base; bractées incisées-digitées; pédicelles très-courts. Dès lors, le *F. bulbosa* L. (*Corydalis cava* Schweigg.), qui n'était indiqué aux Pyrénées que sur la foi de Lapeyrouse, semble étranger à cette chaîne de montagnes.

POLYGALA amara L., p. 401. — *P. vulgaris* L. *var.* γ *alpestris* Koch.

— austriaca Crantz.

Plusieurs espèces différentes sont réunies sous ce nom dans une même feuille, et proviennent de localités diverses : un échantillon de *P. austriaca* Crantz est sans indication de localité ; un autre, pris à *Las Laquettes*, est le *P. depressa* Wend. (feuilles inférieures opposées, obovées, petites, grappes pauciflores, les terminales devenant en apparence latérales, etc.) ; un troisième, cueilli aux bords du Gave à Orthez, est le *P. calcarea* Sch. ou *P. amarella* Coss. et Ger.

SPARTIUM cinereum Vill., p. 402. — *Genista cinerea* DC. (*part.*) et *Sarcthamnus purgans* Gr. God.

— radiatum L., p. 403.

Cette espèce, à laquelle MM. Grenier et Godron n'assignent pas de localité pyrénéenne, est dans l'Herbier avec l'indication *Roussillon, Bayonne.*

GENISTA decumbens Willd., p. 404 (sans indication de localité). — *G. pilosa* L.

Feuilles à deux stipules dentiformes ; pédicelles sans bractées, calice à lèvre supérieure bifide avec les lobes lancéolés, étendard velu, soyeux. Le *G. decumbens* W., indiqué par Mutel aux Pyrénées, d'après Lapeyrouse, n'appartient pas à ces montagnes.

— humifusa L. *var.* G. pilosæ L. (*in herb.*), G. pilosa L. *var.* β humifusa Vill., p. 404. — *G. pilosa* L. (*Loret* et *Clos*).

— pilosa L. *var.* γ caule erecto firmo simplici, pedunculis elongatis. — *Adenocarpus complicatus* Gay (*Loret* et *Clos*).

ULEX europæus L., p. 405. — *U. europæus* L. (*part.*), et *U. parviflorus* Pourr.

— nanus Smith, p. 405. (U. minor, *in herb.*).

Rapporté, par M. Bubani, à l'*U. autumnalis* Thor., qui n'est autre que l'*U. nanus* Sm.

ONONIS senescens Lap., p. 405 (échantillon fort incomplet). — *O. procurrens* Wallr.

Feuilles florales uni-foliolées, très-petites, plus courtes que le calice; grappe oblongue; pédoncule non articulé; divisions calicinales linéaires plus longues que le tube, dépassées d'un tiers par la corolle; légume.....

— hircina Ait., p. 406. — *O. procurrens* Wallr.

Rameaux couchés, fleurs solitaires.

— striata Gou., p. 407, mêlé à l'*O. minutissima* L.

— rhinanthoides Lap., p. 407; (un seul échantillon rabougri, ayant noirci par la dessiccation). — *O. striata* L.

— scabra Lap., p. 407 (deux sommités de tiges en fruit). — *O. Columnæ* All.

Foliole terminale pétiolulée, fleurs en épi, divisions du calice lancéolées-acuminées, etc.

— mitissima L. — *O. Columnæ* All.

Capsules à 5 graines papilleuses, etc.

— villosissima Desf., p. 408.

Deux échantillons sans indication de localité : l'un est bien l'espèce, et est accompagné de ces mots : *donné et écrit par M. Desfontaines;* l'autre, sans dénomination spéciale, est l'*O. Columnæ* All.

— variegata L.

Cette espèce, représentée dans l'Herbier par un seul échantillon, sans autre indication que celle-ci : *écrit et donné par M. Desfontaines*, 1814, paraît manquer aux Pyrénées, où elle n'était rapportée que sur la foi de Lapeyrouse.

— reclinata L., sans indication de localité.

Un seul échantillon, mêlé à 3 branches d'*O. procurrens* Wallr.

— viscosa L., p. 409. — *O. Natrix* L.

— picta Desf., p. 409. — *O. Natrix* L. *var. Perusiana* Gr. God.

— dumosa Lap., p. 410; justement rapporté à l'*O. arragonensis* Ass.

Anthyllis Vulneraria L. *var.* hirsutissima Lap. (*in herb.*), p. 410. — *A. Vulneraria* L. *var. Allionii* DC.

Orobus variegatus Lap., p. 414 et *S.* p. 107. — *Lathyrus cirrhosus* Ser. (*Loret* et *Clos*).

— Tournefortii Lap. *S.* p. 102.

Cette espèce, réduite, dans l'Herbier, à deux échantillons fort incomplets, sans fleurs, sans indication de localité, diffère totalement de l'*O. luteus* L., auquel la rapportent les auteurs, par ses folioles plus petites, plus rapprochées, plus coriaces, à trois nervures longitudinales (ce qui l'avait fait d'abord appeler *O. nervosus* par Lapeyrouse), ainsi que par ses fruits plus petits ; elle ne semble pouvoir appartenir qu'à l'*O. vernus* L. (*Loret* et *Clos*).

— ensifolius Lap. *var.* β *S.* p. 105 (O. filiformis Lam. asserente De Candolle ipsomet, an varietas ensifolii, *in herb.*).

MM. Grenier et Godron rapportent, d'après M. Bentham, cette variété à leur *Lathyrus asphodeloides*, et la variété α à leur *L. canescens* ; c'est l'inverse qui est exact, c'est-à-dire, *L. asphodeloides* God. Gr. — *Orobus ensifolius* L. *var.* α ; et *L. canescens* God. Gren. — *Orobus ensifolius var.* β Lap. Il me paraît inutile de citer aussi en synonyme du *L. canescens* God. Gren. l'*Orobus atropurpureus* Lap. ; l'auteur de l'*Histoire abrégée* ayant reconnu lui-même (*S.* p. 108) que cette dénomination avait été appliquée à tort par lui à l'*O. ensifolius* Lap.

Lathyrus angulatus L. (Arles, Ceret). — *L. sphæricus* Retz. (*part.*) et *L. Cicera* L. (*Loret* et *Clos*).

— sphæricus L., p. 415.

Des deux échantillons, l'un (sans indication de localité)

est le *L. Nissolia* L. (feuilles réduites à des pétioles foliacés); l'autre, le *L. sphæricus* Retz.

— articulatus L. — *L. Clymenum* L. Gousse plane, carénée sur le dos, style obtus, graines ovoïdes, etc.

— heterophyllus L., p. 416 (*quoad* Saleix, Saint-Béat); justement rapporté au *L. sylvestris* L. *var. latifolius* Peterm.

— heterophyllus L. foliis quaternis, entre Prades et Mont-Louis (*in herb.*). — *L. cirrhosus* Ser.

— palustris L. (deux échantillons, sans indication de localité). — *L. palustris* L. (*part.*) et *Orobus tuberosus* L.

VICIA dumetorum L., p. 417 (échantillon pris dans le parc de Lapeyrouse). — *V. sativa* L.

— sylvatica L., sans indication de localité.

— Cracca L. *var.* β foliolis linearibus subulatis, p. 418. — *V. varia* Host.

— parviflora Lois.

Rapporté avec raison au *V. hirsuta* Koch.

— hybrida L. avec point de doute, et ces mots : *var.* V. luteæ, p. 419. — *V. lutea* L. : étendard glabre, etc.

— pannonica Host., p. 420, sans indication de localité. — *V. lutea* L. (*V. hirta* Balb.).

— narbonensis L.

L'échantillon, pris en Roussillon, se rapporte à la variété *serratifolia* Koch.

CYTISUS nigricans L., avec un point de doute, p. 421. — *C. triflorus* l'Hérit. ; comme l'avait judicieusement pensé M. J. Gay.

Pédoncules axillaires géminés ou ternés; calice très-court campanulé, à lèvre supérieure bidentée ; gousse noirâtre, couverte de poils roux, etc.

— divaricatus l'Hérit — *Adenocarpus complicatus* Gay (*pro parte*), et *A. grandiflorus* Boiss. (*Loret* et *Clos*).

— capitatus Murr., p. 421. — *C. supinus* L.; synonyme donné, du reste, par Lapeyrouse.

— heterophyllus Lap., p. 422; (échantillon très-incomplet). — *C. supinus* Murr.

Coronilla coronata L., p. 423, avec un point de doute, et sans indication de localité. — *C. minima* L. β *australis* Gr. God.

Hippocrepis multisiliquosa L., p. 424. — *H. comosa* L.; fleurs nombreuses, graines brunes en demi-cercle, etc.

Cette espèce me paraît avoir été rapportée à tort par M. Bubani (*l. c.*, p. 13) à l'*H. glauca* Ten.

Scorpiurus muricata L., p. 425. — *S. subvillosa* L.; légume contourné, à six rangs d'aiguillons, etc.

Hedysarum saxatile L., p. 426. — *Onobrychis sativa* Lam.

Astragalus pentaglottis L., p. 428.

L'échantillon, sans fleurs ni fruits, appartient à une plante *vivace* qui se refuse à une détermination précise.

— arenarius L., A. baïonensis Lois., p. 429.

La première de ces dénominations doit être rejetée.

— montanus L. — *Oxytropis pyrenaica* Godr. Gren. (*Loret* et *Clos*).

— incanus L., p. 430. — *A. monspessulanus* L.

Trifolium strictum L., p. 432. — *T. lævigatum* Desf. (*Loret* et *Clos*).

— hybridum L., p. 432, sans indication de localité. — *T. badium* Schreb.

— hispidum Desf. et T. hirtum All., p. 433, font double emploi : un échantillon de *T. striatum* L. est réuni au *T. hispidum* Desf.

— hirtum All. *var*. β. — *T. lagopus* Pourr. (*Loret* et *Clos*).

— saxatile All., p. 434. — *T. maritimum* Huds.

— pratense L. *var.* β caulibus prostratis. — *T. medium* L.

— pratense L. *var.* δ alpinum hirsutum capitulis foliosis, p. 435. — *T. ochroleucum* L.

— pratense L. *var.* tomentosum (*in herb.*). — *T. tomentosum* L.

— ochroleucum L., p. 435, et T. squarrosum L. p. 436; font double emploi dans l'ouvrage.

— clypeatum L., p. 436, rapporté à bon droit, par M. Bubani, au *T. maritimum* Huds.

— intermedium Lap. p. 437, justement rapporté, par MM. Duby et Gay, au *T. hybridum* Sav. (*T. nigrescens* Viv.).

— gemellum Pourr. — *T. Bocconi* Sav.

— resupinatum L. (*quoad* la Font de Comps), p. 438. — *T. Thalii* Vill.

— montanum L. — *T. montanum* L. (*part.*), et *T. ochroleucum* L.

— agrarium L., p. 439. — *T. agrarium* L. *var.* β *minus* Koch (*T. procumbens* Schreb.), cum frust. *T. aurei* Poll.

— spadiceum L. — *T. agrarium* L.

— procumbens L. — *T. patens* Schreb. (*part.*), et *T. agrarium* β *majus* Koch ou *T. campestre* Schreb.

— filiforme L. — *T. patens* Schreb. (*part.*), et *T. procumbens* L.

Lotus angustissimus L., p. 440 (*quoad* la Pene Saint-Martin à Saint-Béat). — *L. tenuis* Kit.

— angustissimus L. (*quoad* Prades, Vernet, etc.); plante en très-mauvais état, méconnaissable.

— diffusus Sm. — *L. angustissimus* L. (*L. diffusus* Sm.) et *L. corniculatus* L.

— pedunculatus Cav. — *L. hispidus* L. (rectification déjà faite par M. Serres).

— corniculatus L. *var.* major Scop. (Prats de Mollo). — *L. uliginosus* Schk. (*Loret* et *Clos*).

— corniculatus L., caule decumbente, foliis hispidis (*in herb.*) — *L. corniculatus* L. (*part.*) et *L. hispidus* Desf.

— cytisoides L., p. 441. — *L. corniculatus* L.

Dorycnium herbaceum Vill. — *D. suffruticosum* L., p. 442 ; étendard apiculé, gousse obtuse, etc.

Medicago Lupulina L., p. 443. — *Trifolium procumbens* L. (*T. filiforme* DC.).

— intertexta Willd., p. 444. — *M. maculata* L.

— ciliaris Willd. — *M. polycarpa* Willd. (*Loret* et *Clos*).

— rigidula All. — *M. tribuloides* Lam.

— scutellata All. et M. tornata Willd., p. 443, rapportés à bon droit par M. Bubani (*l. c.*, p. 13), au *M. suffruticosa* Ram.

Hypericum repens L., p. 447, (un seul échantillon en très-mauvais état). — *H. perforatum* L.

— Richeri Vill., p. 448. — *H. Burseri* Spach.

— pulchrum L., p. 449. — *H. Burseri* Spach.

— linearifolium Vahl. — *H. pulchrum* L., sépales ovales-obtus, etc.

Tragopogon pratense L., p. 455. — *T. orientalis* L. (*Loret* et *Clos*).

— angustifolium Willd. — *T. australis* Jord. ?

Le *T. angustifolium* Willd. est, d'après De Candolle (*Prodr.* VII, III), une espèce peu connue, rapportée par Poiret avec doute au *T. crocifolius* L. ; les échantillons de l'Herbier sont en très-mauvais état.

Scorzonera austriaca Willd. et S. humilis L., p. 456 ; deux espèces occupant la place l'une de l'autre.

— graminifolia Willd., *S.* p. 119. — *S. humilis* L. (*Loret* et *Clos*).

Lactuca saligna L. (à Vieille), p. 460. — *L. chondrillæflora* Bor. (*Loret* et *Clos*).

— saligna L. *var.* foliis eroso-dentatis (à Saleix). — *L. Scariola* L. (*Loret* et *Clos*).

— sonchoides Lap., p. 461; justement rapporté au *L. perennis* L. par M. Bentham.

Chondrilla crepoides L., p. 462. — *Lactuca tenerrima* Pourr.

Prenanthes tenuifolia L., p. 462. — *Lactuca chondrillæflora* Bor. (*Loret* et *Clos*).

— viminea L. (à Saint-Béat). — *Lactuca chondrillæflora* Bor. (*Loret* et *Clos*).

Apargia alpina Host *var.* ε, p. 464. — *Willemetia apargioides* Cass. (*Loret* et *Clos*).

— Taraxaci Willd., p. 464.

Cette espèce, citée dans les Pyrénées sur la foi de Lapeyrouse, est représentée dans l'Herbier par un seul échantillon, avec cette indication : *à Salvanaire.*

— crispa Willd., p. 465. — *Leontodon proteiformis* γ *crispatus* Godr.

— Villarsii Willd. β ramosissima Lap. — *Hypochæris radicata* L.; aigrette longuement stipitée, réceptacle paléacé, etc.

Thrincia hirta Roth, p. 465. — *T. hirta* Roth et *T. hispida* Roth.

— hispida Roth, p. 466. — *Leontodon proteiformis* Vill. β *vulgaris* Koch.

Picris pauciflora Willd., p. 466. — *P. hieracioides* L.

— tuberosa Lap., p. 467. — *P. pyrenaica* L.

— Sprengeriana Chaix, p. 468. — *P. hieracioides* L.

Obs. Le *Thrincia hispida* Roth, le *Picris pauciflora* Willd. et le *P. Sprengeriana* Lam., n'ont été rapportés aux Pyrénées que sur la foi de Lapeyrouse.

Hieracium (1) pumilum Hopp.? p. 469. — *H. breviscapum* DC.

— pumilum Hopp. *var.* β. — *H. angustifolium* β *Coderi* DC.

— dubium L., p. 469, et H. aurantiacum L., p. 470. — *H. Auricula* L.

— Lawsonii Vill. *var.* α majus foliis grossè dentatis (*in herb.*) — *H. cerinthoides* L.

— Lawsonii Vill. *var.* β et δ, p. 471. — *H. saxatile* Vill.

— Lawsonii Vill. *var.* ε (à Endretlis). — *H. sericeum* Gr. God. *an* Lap. ?

— glaucum All., H. scorzoneræfolium Vill., p. 471. — Plante intermédiaire entre l'*H. neo-cerinthe* Fries et l'*H. saxatile* Vill.

— humile Host. — *H. amplexicaule* L. (*pro part.*) et *H. Jacquini* Vill.

— intermedium Lap.; plante omise par Mutel et par MM. Grenier et Godron. — *H. sylvaticum* L., ce qu'avait soupçonné M. Duby.

— murorum L. *var.* γ, nudicaule multiflorum foliis dentatis hirsutissimis, à la Font de Comps (*in herb.*). — *H. Boutignianum* Sch. (inéd.?).

— murorum L. pilosissimum (*in herb.*), H. murorum L. *var.* γ *H. A.*, p. 472. — *H. cerinthoides* L.

— sylvaticum Gou., p. 472, et H. denudatum Lap., p. 473. — *H. boreale* Fries.

— altissimum Lap., *S.* p. 125. — *Crepis succisæfolia* Tausch, *C. altissima* Serres (V. *Bull. Soc. bot.*, III, p 258).

— sabaudum L., et H. lanceolatum Vill. (Ce dernier sans in-

---

(1) La détermination des espèces des genres *Hieracium*, *Lepicaune* et *Crepis*, appartenant à l'Herbier, a été faite en commun par M. Loret et par moi.

dication de localité), p. 473. — *H. controversum* Timb. (in *Mém. Acad. Toul.*, 4e sér., VI, p. 123).

— lanceolatum Vill. (Canigou, Cagire). — *H. pyrenaicum* Jord., *H. nobile* Gr. God., verisimiliter *H. compositum* Lap.

Si cette synonymie est exacte, comme nous avons tout lieu de le croire, la dénomination de Lapeyrouse devrait obtenir la priorité sur les deux autres. Les échantillons d'*H. pyrenaicum* Jord., recueillis par M. Loret à Gèdres, nous ont paru concorder en tous points avec le seul d'*H. compositum* Lap. que possède l'Herbier. L'*H. nobile* Gr. God. ne semble en différer que par l'absence de cils au sommet des ligules.

— eriophorum St.-Am., p. 474. (Prairies d'Ax, Cagire, Bayonne.)

Cette plante, objet d'une controverse sérieuse entre Lapeyrouse et De Candolle, n'est nullement l'*H. eriophorum* de Bayonne. M. Loret, qui l'a cueillie à Ax, la considère comme une espèce voisine de l'*H. sabaudum* L., mais distincte; et il se propose de la décrire sous le nom d'*H. pseudo-eriophorum* dans un travail sur quelques *Hieracium*, qui lui sera commun avec M. Timbal-Lagrave.

— cordifolium Lap., *S.* p. 128. — *H. umbellatum* L. *var. cordifolium* Nob.

Cette plante, réunie par MM. Grenier et Godron à l'*H. umbellatum* L., mérite d'en être distinguée au moins à titre de variété.

— umbellatum L. *var.* γ, p. 474. — *H. Boreanum* Jord. *in* Boreau, *Fl. du Cent.*, 3e éd.

— cerinthoides L., et H. cerinthoides L. *var.* β majus latifolium, à Salcix (*in herb.*) et *var.* ε, p. 475. — *H. cerinthoides* L.

— cerinthoides L. *var.* majus latifolium foliis obovatis, à Cagire, Pic de Gard (*in herb.*), et *var.* γ et δ, p. 475, et *var.* ζ, *S.* p. 128. — *H. neo-cerinthe* Fries.

— flexuosum Waldst. et Kit. — *H. cerinthoides* L. (*part.*) et *H. neo-cerinthe* Fries.

— croaticum? (*in herb.*). H. croaticum Waldst. et Kit., p. 475. — *H. cerinthoides* L. (*part.*) et *H. sericeum* Gr. God. *an* Lap.?

— villosum L., p. 476. — *H. neo-cerinthe* Fries, non *H. pyrenaicum* Jord., espèce à laquelle MM. Grenier et Godron la rapportent avec doute.

— villosum L. *var.* γ. — *H. saxatile* Vill. *var.* δ. — *H. cerinthoides* L.

— elongatum Lap., sans indication de localité. — *H. cerinthoides* L.

— elongatum Lap. (*quoad* Mont de Lasset, Laurenti, Roccagaliniera, etc.) — *H. prenanthoides* Vill. (*part.*) et *H. neo-cerinthe* Fries.

— elongatum Lap. *var.* β et *var.* γ. — *H. neo-cerinthe* Fries; la *var.* β avec un fragment d'*H. cerinthoides* L.

— rhomboidale Lap., p. 477. — *H. neo-cerinthe* Fries.

— sericeum Lap. — *H. cerinthoides* L., non *H. sericeum* Gr. God.

— scopulorum Lap. (*quoad* Labatsec, port de Venasque), et H. scopulorum Lap. *var.* major (à las Poses, Basses-Pyrénées), *S.* p. 124. — *H. cerinthoides* L.

— scopulorum Lap. (*quoad* Penne blanque à la Picade. — *H. mixtum* Frœl.

— obovatum Lap., *S.* p. 129. — *H. neo-cerinthe var.*, non *H. cerinthoides* L., comme le veulent MM. Grenier et Godron.

Toutefois, M. Loret qui a cueilli cette plante aux lieux mêmes d'où elle fut envoyée à Lapeyrouse (*rochers de Sarrance* et *d'Escot*, Basses-Pyrénées), n'est pas éloigné de la considérer comme une espèce distincte. L'*H. villosum* L. *var.* β, p. 476, ne paraît pas différer de l'*H. obovatum* Lap.

Obs. L'*H. aureum* Vill., p. 46, indiqué aux Pyrénées sur

la foi de Lapeyrouse, et l'*H. montanum* L., sur la foi de Pourret, sont dans l'Herbier sans désignation de localité ; les échantillons détériorés de l'*H. alpinum* L. ne paraissent pas appartenir à cette espèce.

Lepicaune balsamea Lap., et *var.* β latifolia major, et *var.* γ, et *var.* δ, et *var.* ε, et *var.* β Hieracium hirsutissimum, p. 478 et 479. — *Hieracium amplexicaule* L.

— balsamea Lap. *var.* ζ, p. 479. — *Crepis grandiflora* Tausch, avec un fragment d'*H. amplexicaule* L.

— balsamea Lap. *var.* η. — *Hieracium amplexicaule* L. (*part.*) et *Crepis aurea* Cass.

— intybacea Lap. — *Hieracium pulmonarioides* Vill., non *H. albidum* Vill., non *Crepis grandiflora* Tausch ; espèces auxquelles il a été rapporté.

— grandiflora Lap. — *Crepis grandiflora* Tausch.

— multicaulis Lap., p. 480, et *var.* γ, et *var.* δ, et *var.* ε, *S.* p. 129. — *Crepis blattarioides* Vill.

— multicaulis Lap. *var.* altissima longifolia, au Castelet (*in herb.*) — *Crepis grandiflora* Tausch.

— turbinata Lap., p. 480. — *Crepis blattarioides* Vill.

— spinulosa Lap. — *Sonchus oleraceus* L., d'après la juste détermination d'Arnott.

Crepis nemausensis Gou. *var.* β, p. 482 (à Bagnols). — *C. bulbosa* Cass.

— taurinensis Willd. (*quoad* Saleix, Vieille) et C. taurinensis Willd. *var.* floribus solitariis, à Perpignan (*in herb.*). — *Barkhausia fœtida* DC.

— virgata Desf., p. 483. — *Picris hieracioides* L.

— lappacea Willd. ? — *Barkhausia taraxacifolia* DC.

— tectorum L. (*quoad* Rap, à Saint-Béat). — *Barkhausia taraxacifolia* DC.

— incana Lap. — *Andryala ragusina* L. β *incana* Gr. God., bien que les feuilles soient denticulées.

— biennis L., p. 484. — *Barkhausia taraxacifolia* DC.

— scabra Willd., p. 484. — *Picris hieracioides* L.

Le *Crepis scabra* Willd. est considéré comme synonyme du *Barkhausia taraxacifolia* DC.

— Dioscoridis? environs de Saint-Béat à Rap (*in herb.*) — *Picridium vulgare* Desf.

Hyoseris radiata L., p. 486.

La localité *Roussillon*, mise en doute pour cette plante par MM. Grenier et Godron, lui est assignée dans l'Herbier.

Seriola ætnensis L., p. 486. — *Hypochæris radicata* L.

Lapsana fœtida Scop., p. 487 (Hyoseris fœtida L., *in herb.*).

Cette espèce, qui a été rapportée aux Pyrénées d'après Lapeyrouse, est dans l'Herbier sans indication de localité.

Rhagadiolus stellatus Willd., p. 488 (à Toulouse). — *R. stellatus var. edulis* DC.

— stellatus Willd., foliis radicalibus lyratis, caulinis subintegris. — *R. stellatus var. intermedius* DC.

Serratula alpina L., pag. 490. — *Saussurea macrophylla* Saut.

Carduus nutans L., p. 490. — *C. nutans* L., et *C. carlinæfolius* Lam. (*Loret* et *Clos*).

— acanthoides L., p. 491. — *C. nutans* L. et *C. spinigerus* Jord. (*Loret* et *Clos*).

— crispus L. — *C. crispo-nutans* Gren. Kirschl., *C. crispus* γ *litigiosus* Gr. God. (*Loret* et *Clos*).

— mollis L., p. 492. — *Jurinæa Bocconi* Guss.

Cette espèce n'a pas été signalée dans les Pyrénées; à l'époque de Lapeyrouse on confondait sous le nom de *Carduus mollis* L. le *Jurinæa Bocconi* Guss. et le *J. pyrenaica* Gr. God.

CNICUS pyrenaicus Willd., p. 492. — *Cirsium monspessulanum* All.

La *var.* β *minor* a les feuilles à peine décurrentes.

— Gouani Willd., p. 493. — *Carduus defloratus* L. (*Loret* et *Clos*).

— Gouani Willd. *var.* ε tomentosus. — *Carduus medius* Gou., *Cnicus Gouani* Willd. (*Loret* et *Clos*).

— Argemone Lap. — *Carduus medius* Gou.

— ferox Willd., p. 494. —*Cirsium eriophorum* Scop., et *C. echinatum* DC. mêlés.

— tuberosus Hoffm. (*quoad* Pujo de Gery), p. 495. — *C. defloratus* L. (*Loret* et *Clos*).

— spinosissimus L., p. 496. — *Cirsium glabrum* DC.

— spinosissimus L. *var.* β acaulis. —*Cirsium palustre* Scop.

CARTHAMUS Carduncellus L., avec l'indication de localité *Nouri*, p. 495. — *Carduncellus mitissimus* DC.

CACALIA alpina L., p. 449. — *Adenostyles albifrons* L.

STÆHELINA dubia L., p. 500, avec l'indication : *Toulouse à Pech-David*, *à Aufray*.

Cette espèce n'a pas été signalée de nos jours dans la Flore toulousaine.

ATHANASIA annua L., avec l'indication *Prades*, *Mont-Louis*, p. 502.

Cette espèce, qui ne paraît pas avoir été retrouvée en France, est omise par MM. Grenier et Godron.

ARTEMISIA Abrotanum L., p. 503. — *A. camphorata* Vill.

Feuilles toutes pétiolées, auriculées à la base, à divisions linéaires ; panicule étroite à rameaux raides, dressés.

— Mutellina Vill. et A. spicata Murr. — *A. Villarsii* Godr. et Gren. ; réceptacle glabre, corolle poilue (*Loret* et *Clos*).

— palmata Lamk., p. 504.

Rapporté à bon droit à l'*A. gallica* Willd.

Gnaphalium Stæchas L., pag. 505. — *Helichrysum serotinum* Boiss. et *H. decumbens* Camb. (*Loret* et *Clos*).

— arenarium L., p. 506. — *G. luteo-album* L. (*Loret* et *Clos*).

— arenarium L. *var.* β sans indication de localité, *S.* p. 133. — *Helichrysum decumbens* Camb.

— alpinum L. — *Antennaria carpathica* Bluff. et Fing, *Gnaphalium alpinum* Vill. non L.

Le *Gnaphalium alpinum* L., rapporté par De Candolle (*Prodr.* VI, 269), comme synonyme à l'*Antennaria alpina* Gærtn., paraît étranger à la Flore de France.

— sylvaticum L., G. norvegicum Retz. (dénominations synonymes aux yeux de Lapeyrouse, p. 507). — (Pro maxima parte, excluso specimine uno G. sylvatici *var.* β) *G. norvegicum* Gunn. (*Loret* et *Clos*).

— germanicum Sm., p. 508. — *Filago spathulata* Presl. (*Loret* et *Clos*).

— montanum Willd. — *Filago minima* Fries, et *F. arvensis* L. (*Loret* et *Clos*).

Obs. Le *Gnaphalium supinum* L. et le *G. pusillum* Hænk. font double emploi dans l'Herbier et dans l'*Histoire abrégée*, p. 507. La même observation s'applique aux *G. montanum* Willd., *G. minimum* Smith, p. 508 et 509.

Xeranthemum annuum L., p. 509. — *X. inapertum* Willd.

Erigeron glutinosum L., p. 511. — *Cupularia viscosa* God. Gren., avec un fragment d'*Hieracium umbellatum* L.

— murale Lap., *S.* p. 133, réuni à bon droit à l'*E. acre* L.

— canadense L. *var.* β crispum, p. 511. — *Conyza ambigua* DC., *Erigeron crispum* Pourr. (*Loret* et *Clos*).

Senecio coronopifolius Willd. ?, p. 514. — *S. adonidifolius* Lois.

— abrotanifolius L., p. 515. — *S. adonidifolius* Lois.

— aquaticus Smith. — *S. erucæfolius* L.

Bractées extérieures longues, akènes pubescents-scabres.

— paludosus L., p. 516, sans indication de localité.

— sarracenicus L., p. 516.

Des deux échantillons de cette plante, l'un sans désignation de localité est l'espèce, l'autre avec cette indication : « Au Mahourat las Poses dans les cavernes, les antres Basses-Pyrénées, 1817, Dr Lalanne, » est le *S. Tournefortii* Lap. (feuilles supérieures sessiles, capitules hémisphériques, bractées à pointe sphacélée, etc.).

— rotundifolius Lap., p. 517.

« D'après le seul échantillon sans fleurs, dit M. Duchartre (*Flore pyrén.* exsicc., Fasc. 5 n° 90), qui le représente dans l'Herbier de cet auteur, n'est sûrement qu'une variété du *S. Tournefortii* Lap. » J'ajoute, à l'appui de cette opinion, que les cannelures de la tige, la consistance des feuilles, leurs dentelures témoignent que le *S. rotundifolius* Lap. n'est qu'un *accident*, un *état tératologique* de ce dernier.

Aster punctatus Waldst. et Kit., p. 518, rapporté à bon droit par M. Bentham au *Jasonia tuberosa* DC.

— acris L. — *A. trinervis* Desf. (*Loret* et *Clos*).

— Amellus L., sans désignation de localité, est l'espèce.

— Amellus L., échantillon sans fleurs, avec l'indication : *Pâturages secs Can-Damon, Custoja.* — *A. pyrenæus* L.

Cineraria sibirica L., p. 521.

Echantillon réduit à deux fragments de feuilles.

— aurantiaca Hopp. — *Senecio Doronicum* L.

— longifolia L., C. integrifolia Murr., C. campestris Retz. — *Senecio spathulæfolius* DC. (*Loret* et *Clos*).

— longifolia L. β uniflora L., rapporté, à bon droit, au *Senecio Doronicum* L.

Inula odora L., p. 522, avec un point de doute et la localité *Narbonne*.

Le seul échantillon incomplet paraît appartenir à l'*I. montana* L. : feuilles supérieures sessiles embrassantes, entières, dressées ; deux capitules terminaux, aigrette simple, etc.

— Oculus-Christi L., rapporté à bon droit à l'*I. helenioides* DC. par M. Bentham.

— britannica L., sans indication de localité, p. 523. — *Pulicaria dysenterica* Gærtn.

— Vaillantii Vill., p. 524, un seul échantillon sans indication de localité.

Arnica Doronicum Murr. pag. 525. — *Aronicum scorpioides* DC.

— bellidiastrum Vill., p. 526. — *Bellis sylvestris* Cyr., rectification déjà faite par M. Bubani (*l. c.*, p. 14).

Doronicum scorpioides Willd., p. 526.

Rapporté au *D. Pardalianches* Willd., appartient plutôt, à en juger par l'échantillon très-détérioré, au *D. austriacum* Jacq. ; feuille radicale ovale-cordiforme, etc.

Chrysanthemum montanum L., et C. grandiflorum Lap., p. 527. — *Leucanthemum atratum* DC., *L. maximum* Gren. God. (*Loret* et *Clos*).

— id. *var* β. — *Leucanthemum vulgare* Lam.

— id. *var.* δ foliis argutè dentatis, *S.* p. 138. — *Leucanthemum atratum* DC.

— atratum L., p. 528. — *Leucanthemum vulgare* Lam.

— ceratophylloides All., p. 529. — *Leucanthemum palmatum* Lam.

Cette espèce et la précédente étaient rapportées avec doute par M. Bentham au *Pyrethrum alpinum* Willd.

— segetum L., sans indication de localité. — *Leucanthemum vulgare* Lam.; languettes blanches, etc.

— coronarium L., sans indication de localité.

— coronarium L. *var.* β, p. 530. — *Cota Triumfetti* J. Gay, rectification déjà faite par M. Bubani (*l. c.*, p. 14).

Anthemis altissima L., A. pubescens Willd., A. austriaca Murr., p. 532, et A. tinctoria L., pag. 533. — *Cota Triumfetti* Gay, d'après la juste remarque de M. Bubani (*l. c.*, p. 14).

— australis Willd. — *Ormenis mixta* Gay.

Achillea Ptarmica L. *var.* β, p. 534. — *A. pyrenaica* Sibth. *var.*, feuilles ponctuées, etc.

— falcata Lap. (A. recurvifolia *in herb.*), et *A. capillata* Lap., rapportés, à bon droit, par M. Bentham à l'*A. chamæmelifolia* Pourr.

— nobilis L., p. 535. — *A. odorata* L. (*Loret* et *Clos*).

— atrata L., p. 535, un seul échantillon sans indication de localité.

Centaurea phrygia L., pag. 537, rapporté à bon droit au *C. nigra* L.

— nigrescens Willd., p. 538. — *C. nigra* L., *C. pratensis* Thuill.

— axillaris Willd., p. 538. — *C. nigra* L. (*part.*) et *C. montana* L. *var. pinnatifida*.

— paniculata L. — *C. leucophæa* Jord. (*Loret* et *Clos*).

— corymbosa Pourr., p. 539.

Un seul échantillon avec la localité *Prades*, suivie d'un point de doute, et une étiquette de Pourret, portant l'indication : *Hab. Narbonne à la Clape.*

— leucantha Pourr. (C. intybacea Lamk. *in herb.*), sans indication de localité.

— Jacea L., p. 539. — *C. Jacea* L. (*part.*), et *C. amara* L. (*Loret* et *Clos*).

— amara L. et C. alba L., sont dans l'Herbier sans indication de localité, et font double emploi.

— splendens L., p. 540, rapporté avec raison au *Microlonchus salmanticus* DC.

— sonchifolia L. — *C. aspera* L.

— Seridis L. — *C. nigra* L.

— solstitialis L., p 541. — *C. melitensis* L. (*Loret* et *Clos*).

MICROPUS erectus L., p. 544. — *M. erectus* L. (*part.*) et *M. bombycinus* Lag.

ORCHIS Morio L., p. 546. — *O. latifolia* L.; tubercules palmés, etc.

— tephrosanthos Vill., p. 547, mêlé à l'*O. militaris* L.

— pallens L., p. 548. — *O. provincialis* Balb.; épi lâche pauciflore, lobe moyen du labelle subbilobé.

— latifolia L., sans désignation de localité — *O. incarnata* L. (*Loret* et *Clos*).

— sambucina L.

Les auteurs de la *Flore de France* ne signalent pas les Pyrénées au nombre des localités de cette plante. L'Herbier possède de nombreux échantillons de cette espèce qui paraissent en provenir.

OPHRYS Monorchis L., et O. alpina L., p. 550, sans indication de localité dans l'Herbier.

— myodes L. — *O. aranifera* Huds. et non *O. fusca* Link, comme on l'a cru; labelle entier, émarginé au sommet, etc.

SERAPIAS hirsuta Lap., et S. glabra Lap. p. 551 et 552; rapportés à bon droit, le premier au *S. longipetala* Poll., le second au *S. lingua* L.

EPIPACTIS pallens Willd., p. 553 (*Cephalanthera grandiflora* Bab.).

Indiqué dans les Pyrénées d'après Lapeyrouse, est dans l'Herbier sans désignation de localité.

CHARA tomentosa L., p. 559.

L'échantillon très-incomplet, sans organes sexuels, sans indication de localité, paraît être une des formes du *C. fœtida* Braun., tige médiocre, sans papilles, non cotonneuse, etc.

LEMNA arhiza L., p. 560. — *L. polyrhiza* L.

TYPHA angustifolia L., p. 560, sans indication de localité. — *T. minima* Hoppe.

— media L. (*in herb.*). — *T. angustifolia* L.

SPARGANIUM natans L., p. 561, sans indication de localité. — *S. minimum* Fries.

CAREX dioica L., p. 561, sans indication de localité. — *C. Davalliana* Smith; souche cespiteuse, tige rude, utricules à la fin réfléchis.

— Davalliana Sm.; mêlé à l'*Eleocharis palustris* R. Br.

— macrostylon Lap., p. 562.

Est bien le *C. decipiens* Gay, si distinct par son épi cylindrique, son utricule à long bec subulé. L'échantillon unique de l'Herbier n'a pas, comme le dit Lapeyrouse à propos de cette espèce, une racine rampante, mais une souche très-courte, tronquée, avec des racines adventives un peu plus fortes et des feuilles plus longues, relativement aux tiges, que celles du *C. pulicaris* L.

— fœtida All. — *C. brizoides* L.

Tiges très-grêles, épillets cylindriques, récurvés, blanchâtres; utricules verdâtres à bord denticulé.

— incurva Smith, p. 563. — *C. fœtida* Vill.

Utricules minces, stipités, à bords aigus, à long bec grêle bidenté, etc.

— atrata L. *var.* θ. — *C. nigra* L., cum frustulo *C. Goodenowii* Gay (*Loret* et *Clos*).

— Linckii Schk. *var.* capsulis nervosis spicis confertis, avec l'indication : *Font de Comps.* — *C. gynobasis* Vill. (*Loret* et *Clos*).

— arenaria Willd., p. 564 (avec un point de doute et la localité *Luchon*). — *C. paniculata* L. (*Loret* et *Clos*).

— Schreberi Willd., sans indication de localité.

Paraît être le *C. mucronata* All.; un épi mâle et un femelle rapprochés, sessiles, à écailles brunes, l'inférieure embrassante, aristée; utricules velus lancéolés, deux stigmates, etc.

— leporina L. — *C. curta* Good.

— divulsa Good., p. 565. — *C. muricata* L. β *virens* Koch.

— loliacea L., C. tenella Schk., p. 566. — *C. divulsa* Good.

L'échantillon (sans désignation de localité), ne répond nullement à la figure citée par Lapeyrouse, du *C. tenella* de Schkuhr.

— elongata L. sans indication de localité. — *C. curta* Good.

— paradoxa Willd. sans désignation de localité. — *C. teretiuscula* Good.; épillets en épi; utricules ailés et binerviés latéralement.

— curta Willd.

L'échantillon unique de l'Herbier a été envoyé de Mende à Lapeyrouse.

— collina et globularis Willd., pag. 567. (C. collina ? *in herb.*).

Les échantillons de l'Herbier ne répondent nullement à la figure du *Carex montana* de Schkuhr, citée par Lapeyrouse pour cette espèce, et représentent une forme naine du *C. sempervirens* Vill.; bractée inférieure engainante: un épi mâle brun et blanc; deux épis femelles grêles, utricules verdâtres, lancéolés, trigones, atténués à la base et au sommet en un long col bidenté, hispides sur les bords, trois stigmates.

— ciliata Willd. — *C. polyrhiza* Wallr. (*Loret* et *Clos*).

— tomentosa L., sans indication de localité. — *C. pilulifera* L. (*Loret* et *Clos*).

— furcata Lap., p. 568. — *C. vesicaria* L. (*Loret* et *Clos*).

— pilulifera Willd., pag. 569. — *C. digitata* L. (bractées engaînantes, etc.).

— extensa Good. — *C. flava* L. (*Loret* et *Clos*).

— fulva Good., p. 570. — *C. frigida* All.

Souche rampante, stolonifère ; un épi mâle brun ; quatre épis femelles à écailles mucronées brunes avec la nervure médiane verte ; utricules fusiformes, bruns, à bords verts ; trois stigmates.

— saxatilis L. — *C. Goodenowii* Gay.

— sphærica Lap. — *C. polyrhiza* Wallr. cum frustulo *C. frigidæ* All. (*Loret* et *Clos*).

— frigida All., p. 571, *var.* spicis capitatis aterrimis femineis sterilibus, Glaciers d'Oo (*in herb.*) — *C. atrata* L. (*Loret* et *Clos*).

— pilosa Host, pag. 572, sans indication de localité. — *C. panicea* L.

— alpestris Wahlenb. et All., C. gynobasis Vill., p. 573.

Cette dernière dénomination est celle qui convient à l'espèce.

— verna Schk. — *C. præcox* Jacq., *C. verna* Vill. (*Loret* et *Clos*).

— cæspitosa L., p. 573. — *C. Goodenowii* Gay.

— limosa L., p. 574. Sommité de tige sans feuilles, sans indication de localité.

— acuminata Willd. — *C. glauca* L.

Des trois échantillons, deux ont chacun deux épis femelles et deux mâles ; le troisième, deux femelles et trois mâles. Utricules elliptiques comprimés, de la longueur des écailles ou les dépassant.

— acuta β L., pag. 575. — *C. sempervirens* Vill. (*Loret* et *Clos*).

— secalina Wahlenb., p. 576. — *C. riparia* L.

Trois ou quatre épis mâles. à bractées brunes, toutes aiguës ; utricules ovoïdes, bruns, nerviés, à bec bidenté.

— Dufourii Lap. *S.* p. 140.

Un seul échantillon à feuilles plus courtes que la tige, rapporté à bon droit au *C. rupestris* All.

— Marchandiana Lap., *S.* p. 141.

Justement rapporté au *C. pyrenaica* Wahlenb.

— alopecuros Lap., *S.* p. 141.

Rapporté par les auteurs à l'*Eriophorum latifolium* Hopp., il doit l'être à l'*E. angustifolium* Roth, (échantillons commençant à fleurir) : souche stolonifère, feuilles canaliculées à bords lisses, pédoncules lisses, etc.

Obs. Les échantillons des *Carex filiformis* Good., *C. paludosa* L., *C. stricta* Good., *C. verna* Schk., *C. alba* Scop., ne sont pas accompagnés d'une désignation de localité.

Littorella lacustris L., p. 577.

Tous les échantillons de l'Herbier viennent de Suède.

Naias monosperma Willd. (N. marina *in herb.*). — *Caulinia fragilis* Willd.

Amaranthus prostratus Balb., A. viridis Vill., p. 579.

Cette synonymie est fausse ; l'A. *prostratus* Balb. manque dans l'Herbier, où se trouve à sa place l'*A. viridis* L. (*A. sylvestris* L.).

Myriophyllum verticillatum L., p. 580. — *M. spicatum* L.

Quercus microcarpa Lap., p. 582, Quercus à très-long gland de Donezain (*in herb.*) — *Q. pedunculata* Ehrh.

— stolonifera Lap. — *Q. Tozza* Bosc.

— alzina Lap., p. 584. — *Q. Ilex* L.

ARUM pyrenaicum Lap., *S.* p. 143.

Représenté dans l'Herbier par une seule feuille, est rapporté, vraisemblablement à bon droit, à l'*A. italicum* Mill.

PINUS sylvestris L., P. Mugho Poir., P. sanguinea Lap., p. 587.

Ces trois prétendues espèces nous paraissent avoir été réunies avec raison au *P. uncinata* Ram., les deux premières par M. Bubani (*l. c.*, p. 16), la troisième par MM. Bentham, Grenier et Godron.

— maritima Poir., p. 589 (P. maritima... *in herb.*).

L'échantillon de l'Herbier par ses feuilles longues de 5-6 centimètres, dressées, aiguës-piquantes, par ses jeunes cônes réfléchis, ne paraît pouvoir se rapporter qu'au *P. sylvestris* L., ou au *P. uncinata* Ram.; l'état rudimentaire des organes fructificateurs ne permet pas de décider.

CROTON tinctorium L., p. 590. — *Xanthium strumarium.* L.

Réceptacles femelles terminés par deux gros becs, et couverts d'aiguillons crochus; tige non tomenteuse; poils non étoilés; feuilles en cœur peu rudes, etc.

SALIX incerta Lap. p. 594.

Cette plante est rapportée avec doute par MM. Grenier et Godron aux *S. undulata* Ehrh. Les échantillons de l'Herbier sont identiques avec ceux du *S. cinerascens* α *grandifolia* Ser. (*Rév. Saul. Suiss.* exsicc.), *S. grandifolia* Ser., *Helv.*, p. 20).

— pontederana? Vill., p. 595. (*S. Pontederæ* Vill. *in herb.*)

La plante de Villars est rapportée par MM. Grenier et Godron au *S. hastata* L., dont nos échantillons s'éloignent par leur capsule tomenteuse. Leurs rameaux tortueux, glabres, leurs feuilles à dentelures fines, leurs chatons foliacés à la base, etc., me les ont fait rapporter au *S. phylicifolia* L.; j'ai pu constater en outre leur identité avec d'autres étiquetés par M. Seringe *S. bicolor* Ehrh., dénomination synonyme de *S. phylicifolia* L.

— fragilis L., p. 596. — *S. pentandra* L.; pétiole glanduleux, étamines par 4 ou par 5, etc

— prunifolia Smith.

Me paraît répondre à la description donnée par De Candolle (*Fl. Franç.*, T. III, p. 296) du *S. fœtida* Schleich : feuilles dentées en scie, très-glauques en dessous, à très-petits poils couchés ; chatons femelles longs de 0m,02, à pédoncule cotonneux, portant deux ou trois feuilles ; écailles arrondies, soyeuses ; fruit tomenteux, etc.

— myrsinites L., p. 597.

Rapporté aux Pyrénées sur la foi de Lapeyrouse, est, dans l'Herbier, sans indication de localité.

— formosa Willd. — Verosim. *S. hastata* L.

Arbrisseau à feuilles elliptiques aiguës, denticulées, glabres ; chatons femelles feuillés à la base, lâches, à écailles longuement velues, à capsule ovoïde, glabre, sur un court pédicelle.

— arbuscula L., fragment de plante insignifiant.

— myrtilloides L., p. 598, sans indication de localité.

Des trois échantillons réunis sous ce nom, deux, par leurs chatons très-courts, par leurs feuilles entières, glauques, par leurs capsules tomenteuses et sessiles, appartiennent au *S. cæsia* Vill., le troisième au *S. monandra* Hoffm.

— aurigerana Lap., rapporté à bon droit au *S. caprea* L.

— fusca L., p. 600.

Des deux échantillons, l'un, sans indication de localité, est le *S. cæsia* L. ; l'autre, (*β sphacelata*), pris à Prats-de-Mollo, et appelé, précédemment, par Lapeyrouse *S. capræa var. sphacelata*, est le *S. aurita* L., plante qui se retrouve sous le nom de *S. aquatica var. β*.

— acuminata Smith. — *S. caprea* L. ; ce dont convient Lapeyrouse lui-même, p. 603.

— fluggeana Willd., p. 603. — *S. Lapponum* L. (*Loret* et *Clos*).

Cette plante est, dans l'Herbier, sans indication de localité.

— Villarsiana (*in herb.*).

Cette plante, omise dans l'*Histoire abrégée*, et qui a été prise à *Souanès*, *Arconac* et *Vicdessos*, est le *S. cinerea* L. : jeunes rameaux gris tomenteux, feuilles elliptiques ou obovales-oblongues, dentées, d'un vert sombre, stipules réniformes, etc.

Humulus Lupulus L., p. 606.

Lamarck avait remarqué que les feuilles de cette plante sont *quelquefois simples* (*Encycl.* III, p. 138). Lapeyrouse crut devoir considérer comme une variété le Houblon à feuilles simples, alors que MM. Grenier et Godron ne signalent pas même ce caractère dans la description qu'ils donnent de cette plante. L'échantillon de la variété β dans l'Herbier, a toutes les feuilles indivises.

Populus nigra L., p. 606.

Des deux échantillons de l'Herbier, l'un, à feuilles non tronquées à la base, paraît être le *P. fastigiata* Poir.; espèce que Lapeyrouse considérait probablement, comme le font aujourd'hui MM. Decaisne et Spach, comme une simple modification du *P. nigra* L.

Andropogon hirtus L., p. 612. — *A. hirtum* L. (*partim*), et *A. pubescens* Vis. (*Loret* et *Clos*).

Parietaria judaica L., p. 614. — *P. diffusa* Mert. et Koch : fleurs mâles campanulées, etc.

— lusitanica L., sans indication de localité.

Atriplex patula L. *var.* β, p. 615. — *Chenopodium album* L.

Fleurs hermaphrodites, graines horizontales, lenticulaires, lisses, à bords aigus.

— rosea L., *S.* p. 150. — *A. laciniata* L. (feuilles et bractées hastées, fleurs en panicule), mêlé au *Chenopodium opulifolium* L.

Acer Pseudo-Platanus L., p. 615. — *A. platanoides* L.

Lobes et dents des feuilles aigus, à sinus arrondis; corymbes dressés; ailes de la samare très-divergentes.

— platanoides L. — *A. Pseudo-Platanus* L.

Fleurs en longues grappes pendantes, pédonculées, etc.

EQUISETUM fluviatile L., p. 618, E. eburneum Roth, E. Telmateia Ehrh.

Ces deux dernières dénominations conviennent seules à l'espèce de l'Herbier.

— umbrosum Mey., p. 619, ne diffère pas de l'*E. sylvaticum* L.

— limosum L., mêlé à l'*E. palustre* L.

— palustre β giganteum (*in herb.*), β altissimum *S.* p. 150. — *E. ramosum* Schl. (*Loret* et *Clos*).

LYCOPODIUM complanatum L., p. 620. — *L. chamæcyparissus* A. Br.

— denticulatum L., p. 621, sans indication de localité.

POLYPODIUM hyperboreum Willd., p. 623.

Cette espèce, non signalée dans les Pyrénées par MM. Grenier et Godron, paraît avoir été cueillie à Vieille par Lapeyrouse.

— Phegopteris L., p. 623. — *Polystichum Thelypteris* Roth ; *indusium* subréniforme; lobes des segments à bords réfléchis, etc.

ASPIDIUM Thelypteris Swartz, p. 624, sans indication de localité.

— spinulosum Swartz.

La plante de Swartz, par son *indusium* réniforme, est rentrée dans le genre *Polystichum* Roth. Les échantillons de l'Herbier appartiennent à l'*Aspidium aculeatum* Dœll : (*indusium* orbiculaire) ; seulement, les segments de la fronde, au lieu d'être pinnatiséqués, sont pinnatifides.

— rhæticum Swartz, p. 626. — *Cystopteris fragilis* Bernh.

Indusium continu à la nervure par un de ses bords ; fronde oblongue lancéolée bipinnatiséquée.

ASPLENIUM germanicum Weiss, p. 626.

Les échantillons de l'Herbier appartiennent bien à cette espèce, qui n'est rapportée aux Pyrénées, par MM. Grenier et Godron, que sur la foi de Lapeyrouse.

CHEILANTHES odora Swartz, *S.* p. 152 (Pteris acrosticha Balb. *in herb.*).

Les échantillons de cette espèce (qui n'est rapportée aux Pyrénées par Lapeyrouse que d'après De Candolle) portent l'indication : « Vieux murs de clôture à Bagnols. »

ISOETES lacustris L., p. 630, sans indication de localité.

MARSILEA quadrifolia L., p. 630, sans désignation de localité.

LISTE des Plantes signalées dans l'ouvrage de Lapeyrouse et qui manquent dans l'Herbier (1).

Salicornia fruticosa L. (ex Pourret); Veronica digitata Vahl.; Verbena supina L.; Salvia Horminum L., S. sylvestris L.; Crypsis aculeata Ait.; Iris sambucina L., I. spuria L., I. sibirica L.; Cyperus pannonicus L. (ex Loiseleur), C. bifidus Pourr. (ex Pourret); Scirpus fluitans L., S. multicaulis Smith, S. caricis Retz.; Nardus aristata L.; Leersia oryzoides Swartz (ex Bergeret); Phalaris canariensis L.; Polypogon monspeliense Desf.; Milium lendigerum L.; Agrostis interrupta L., A. pungens Vahl; Aira pubescens Vahl; Melica aspera Desf., M. pyramidalis Lamk.; Briza minor L.; Dactylis stricta Willd. (ex Loiseleur); Spartina alterniflora Lois.; Festuca cristata L., F. curvula Gaud., F. splendens Pourr. (ex auct.); Bromus inermis Leyss., B. racemosus L.; Stipa aristella L. (ex DC.); Avena strigosa Willd., A. bromoides Gou., A. alba Vahl (ex DC.), A. glauca Lap.; Arundo Donax L. (ex Lemonnier),

(1) Cette liste comprend quelques espèces qui se trouvent dans l'Herbier, mais sous un nom différent, par suite d'une fausse détermination. Les espèces sont disposées dans l'ordre de l'ouvrage. J'ai cru devoir distinguer celles que l'auteur n'a pas trouvées lui-même, et qu'il a rapportées aux Pyrénées d'après d'autres botanistes.

A. arenaria L.; Elymus arenarius L.; Secale villosum L.; Hordeum maritimum Wither.; Triticum rigidum Schrad.; Scabiosa ochroleuca L., S. stellata L.; Galium Jussiæi Vill., G. saxatile Pall., G. fragile Pourr., G. verticilliflorum Pourr.; Exacum filiforme Willd. (ex Bergeret); Plantago atrata Hopp.; Potamogeton compressum L., P. pectinatum L., P. bifolium Lap.; Sagina filiformis Pourr.; Tillæa Vaillantii Willd.; Heliotropium supinum DC. (ex DC.); Myosotis apula L.; Anchusa undulata L.; Cynoglossum apenninum L. (ex Tourn.); Lycopsis pulla L. (ex Pourr.); Echium creticum L. (ex Tourn.); Androsace elongata Jacq. (ex Pourr.); Anagallis crassifolia Thor.; Convolvulus saxatilis Vahl, C. lineatus L.; Campanula elatines All. (ex Pourr.); Chenopodium ficifolium Smith, C. serotinum L.; Salsola Kali L., S. Soda L., S. fruticosa L. (ex Tourn.); Ulmus suberosa Mœnch, U. effusa Willd.; Lonicera balearica Coursel (ex Xatard); Chironia spicata Willd.; Gentiana purpurea L., G. pannonica Jacq. (ex auct.); Verbascum blattarioides Lamk. (ex Loisel.), V. montanum Schrad. (ex Schrad.); Datura Tatula L.; Atropa Mandragora L. (ex Cazeneuve); Lycium europæum L.; Rhamnus oleoides L.; Ribes grossularia L.; Viola calcarata L. (ex L. et Pourr.); Cynanchum acutum L.; Buplevrum rigidum L. (ex Tourn.), B. Gerardi Murr. (ex Pourr.); Caucalis platycarpos L.; Crithmum maritimum L.; Cachrys Morisoni All. (ex Pourr.); Laserpitium Archangelica Willd. (ex Tourn.); Heracleum angustifolium L. (ex Pourr.), H. pruthenicum L. (ex J. Gay); Sison inundatum L.; Scandix australis Mill., S. nodosa L.; Chærophyllum alpinum Vill.; Rhus coriaria L.; Statice linearifolia Lois., S. plantaginea All., S. auriculæfolia Pourr.; Narcissus triandrus L. (ex L.), N. intermedius Lois.; Allium scorodoprasum L. (ex Pourr.), A. parviflorum L., A. descendens L., A. moschatum L., A. pallens L. (ex Pourr.), A. flavum L., A. narcissiflorum Vill., A. suaveolens Jacq., A. ericetorum Thor., A. odorum L. (ex Bergeret); Lilium pomponium L. (ex Lin.); Fritillaria pyrenaica L. (ex Clusius); Ornithogalum narbonense L., O. arabicum L.; Asphodelus albus L.; Hyacinthus racemosus L.; Juncus flavescens Host, J. sudeticus Willd.; Rumex Patientia L., R. tuberosus L. (ex Bergeret), R. pyrenaicus Pourr. (ex Pourr.); Alisma Damasonium L., A. natans L.; Trientalis europæa L.; Chlora sessiliflora Desv.; Erica viridi-purpurea L., E. scoparia L., E. umbellata L. (ex Loisel.); Passerina polygalæfolia Lap. (ex Tourn.); Elatine Hydropiper L.; Anagyris fœtida L. (ex Gou. et Pourr.); Ruta chalepensis L.; Saxifraga rupestris Willd.

(ex DC.); Dianthus ferrugineus L. (ex Pourr.), D. geminiflorus Lois. (ex Loisel.), D. plumarius L., D. virgineus L., D. arenarius L.; Silene anglica L., S. lusitanica L. (ex Pourr.), S. tridentata Desf. (ex DC.), S. conoidea L., S. Campanula Pers.; Scleranthus polycarpos L.; Arenaria multicaulis L., A. cerastifolia DC. (ex DC.), A. media L., A. laricifolia L., A. austriaca Murr., A. Gerardi Willd.; Sedum Anacampseros L., S. stellatum L., S. rupestre L., S. hispanicum L.; Lychnis viscaria L.; Spergula pentandra L., S. subulata Swartz; Euphorbia spinosa L., E. mucronata Lap., E. paniculata Desf., E. Myrsinites L., E. palustris L., E. oleæfolia Gou. (ex Tourn.), E. terracina L., E. longiradiata Lap.; Mespilus pyracantha L. (ex Bergeret); Rosa gallica L., R. tomentosa Smith; Tormentilla reptans L.; Cistus Ledon Lamk., C. incanus L., C. ledifolius L., C. pilosus L.; Delphinium Staphysagria L. (ex Gou.), D. peregrinum L. (ex DC.); Anemone pratensis L., A. sylvestris L.; Thalictrum tuberosum L.; Ranunculus monspeliacus L., R. Xatardi Lap., R. trilobus Desf.; Teucrium flavescens Schreb.; Nepeta Nepetella L., N. tuberosa L.; Sideritis incana L.; Galeopsis cannabina Roth; Thymus mastichina L.; T. corsicus Pers.; Prunella hyssopifolia L.; Euphrasia lutea L.; Melampyrum sylvaticum L.; Antirrhinum pilosum L., A. bipunctatum L., A. simplex L.; Scrophularia aquatica L.; Orobanche major L., O. cærulea Vill.; Myagrum perenne L.; Lepidium subulatum L. (ex Xatard); Thlaspi heterophyllum DC.; Cochlearia Armoracia L.; Iberis umbellata L.; Alyssum arenarium Lois. (ex Loisel.); Cardamine thalictroides All. (ex Boccone et Loisel.); Sisymbrium supinum L., S. vimineum L., S. Irio L., S. simplicissimum Lap.; Arabis runcinata Lamk.; Turritis arenosa Lap., T. ciliata Willd.; Erodium romanum Willd., E. præcox Auct.; Althæa narbonensis L.; Lavatera maritima Gou.; Fumaria claviculata L. (ex Pourr.); Spartium junceum L., S. sphærocarpum L., S. purgans L., S. horridum Vahl (ex Vahl et DC.); Anthyllis Gerardi L., A. tetraphylla L.; Lupinus varius L., L. luteus L. (ex Tourn.); Lathyrus Nissolia L., L. annuus L.; Vicia cassubica L.; Ervum monanthos L.; Scorpiurus vermiculata L.; Hedysarum humile L., H. uniflorum Lap., H. Crista-Galli L. (ex Xatard.); Astragalus pilosus L. (ex Pourr), A. Cicer L. (ex Tourn.), A. Glaux L. (ex Tourn.); Trifolium italicum L., T. Michelianum L., T. maritimum Smith, T. squarrosum L., T. vesiculosum Savi, T. spumosum L.; Lotus conjugatus L.; Medicago suffruticosa DC., M. turbinata All., M. denticulata Willd., M.

muricata All., M. Terebellum Willd.; Arnopogon asperum Willd.; Scorzonera angustifolia L., S. pinifolia Gou.; Sonchus palustris L.; Hieracium bulbosum Willd., H. prenanthoides Vill.; Helminthia spinosa DC. (ex Lemonnier); Arctium Bardana Willd.; Carduus paniculatus Vahl (ex Vahl); Cnicus canus Willd., C. rufescens Lois. (ex DC.); Onopordon acaule L., O. illyricum L.; Atractylis humilis L.; Acarna cancellata Willd.; Carthamus tinctorius L., C. mitissimus L.; Bidens bipinnata L.; Santolina squarrosa Willd. (ex Tourn.), S. viridis Willd., S. rosmarinifolia L.; Tanacetum annuum L.; Artemisia gallica Willd., A. procera Willd.; Gnaphalium fuscum Scop.; Conyza sicula Willd.; Erigeron glutinosum L. *var.* β Lap.; Senecio lividus L., S. nebrodensis L., S. nemorensis L. (ex Pourr. et Lois.), S. Doria L., S. Barrelieri Gou.; Cineraria cordifolia L., C. alpina Willd.; Inula squarrosa L., I. crithmifolia L., I. provincialis L. (ex Pourr.), I. bifrons L. (ex Hermann); Achillea alpina L. (ex Pourr.), A. chamæmelifolia Pourr., A. nana L.; Buphthalmum maritimum L.; Centaurea Centaurium L., C. sicula L., C. pullata L.; Micropus supinus L.; Ophrys aranifera Huds.; Epipactis cordata Swartz; Cymbidium corallorhizon Swartz; Aristolochia longa L., A. Pistolochia L.; Lemna gibba L.; Typha latifolia L.; Carex lobata Schk., C. trinervis Degland., C. hordeiformis Wahlenb.; Ceratophyllum submersum L.; Thelygonum Cynocrambe L.; Betula pubescens Ehr., B. viridis Vill.; Pinus pyrenaica Lap., P. excelsa Poir., P. rubra Mill., P. rigida Lamb.; Momordica Elaterium L.; Bryonia alba L.; Salix glauca L.?, S. cinerea L., S. incubacea L. (ex Pourr.), S. aurita L., S. candidula Willd.; Myrica Gale L.; Populus canescens Smith; Rhodiola rosea L.; Holcus odoratus L.; Ægilops triaristata Willd.; Valantia muralis L.; Atriplex Halimus L., A. glauca L., A. littoralis L.; Equisetum elongatum Willd.; Botrychium matricarioides Willd.; Polypodium ilvense Swartz, P. calcareum Smith (ex DC.); Aspidium regium Swartz.; Hymenophyllum thunbridgense Smith (ex L. Dufour); Pilularia globulifera L. (ex Pourret); Salvinia natans Hoffm.

BIBLIOTHÈQUE IMPÉRIALE

TOULOUSE, Imprimerie de Jean-Matthieu DOULADOURE.

BIBLIOTHEQUE NATIONALE DE FRANCE
3 7531 04125143 1

www.ingramcontent.com/pod-product-compliance
Lightning Source LLC
Chambersburg PA
CBHW050607210326
41521CB00008B/1147

* 9 7 8 2 0 1 9 5 5 9 5 5 7 *